大家來破案 IV

陳偉民◎著　米糕貴◎圖

推薦序

老少咸宜的
科學偵探故事

　　近幾年，在一些科學演示活動中認識了陳偉民老師。偉民老師是一位優秀的資深高中化學科教師，長期默默耕耘中小學生的科學推廣課程，更是博學多聞、著作等身的科普作家與譯者。在我與偉民老師短暫的幾次會面中，深深領受了他謙謙長者的風範。因此，當偉民老師請我為他的新書寫推薦序時，我一口答應。在讀完第四本後，更是意猶未盡，特地把前三本也找出來大快朵頤一番。

　　《大家來破案IV》是臺灣版的《名偵探柯南》。集結了偉民老師多年的專欄短篇故事，每一個故事的篇名都匠心獨具，將破案的關鍵科學知識融入其中。書中的偵探主角是聰明勇敢的高中生明雪，和偶爾也挑大梁的弟弟——小學生明安。明安效法的是福爾摩斯類型的偵探，敏銳搜尋指紋、腳印等蛛絲馬跡，而熱愛化學、立

志成為鑑識人員的明雪則是靈活運用科學知識，對案情的始末與未來發展幾乎能鐵口直斷。

以科學為媒材，為小讀者而寫作的故事並不多。市面上這類的書籍中，又大多「教學目的」太強，情節並不自然，也很難吸引讀者反覆回味。所以，坊間雖有無數號稱為兒童或中學生量身訂做的「知識小百科」，但真正能獲得小讀者青睞、成為經典的卻很少。這其中的關鍵並不在於知識的豐富程度，或精美的圖片與視覺編排，而在於故事的情節是否能打動人心。故事或小說是讀者認識世界的橋梁。當讀者感到與故事中的主角熟稔如老友，發生在主角身上的情節，也就如老友相聚時訴說近況這般親切，原本艱澀的專業知識，就能變得平易近人。讀者隨著明雪在平日的日常生活、同儕交往、家庭出遊等一路讀來，不知不覺中彷彿跟明雪成為了老朋友！而偉民老師的博學身影則自然的流露在明雪的父親、化學老師、鑑識人員張倩等角色中。故事中帶出了各種歷史上的奇聞軼事、「馬西試砷法」、「法國拉法基案」、「顛茄belladonna」、「阿嘉莎‧克莉絲蒂的偵探小說」、無論你對科學有沒有興趣，都會讀得津津有味！

大人小孩，沒有人不愛聽故事的。我的女兒剛滿兩歲，大字不

識一個，每天纏著大人說上幾個小時的故事給她聽。當我讀偉民老師的作品時，腦中浮現的正是女兒求「故事」若渴的小臉！我彷彿已預見，等她稍微懂事一些，偉民老師的故事將會多麼吸引她。如果學校裡所有的知識都能以這樣自然、生活化、有趣味又動人的方式讓孩子學習，我們又還會有什麼教育制度、教育改革的問題呢？

　　偉民老師的這一系列作品，在百家爭鳴的出版品中顯得相當「老派」。單純的情節予人安心的韻律感，簡練的用字蘊藏中文的典雅之美。我們的小讀者需要的正是這種樸實的好作品。在我所知的「古今中外」所有為兒童所寫的這類作品中，「大家來破案」絕對是一套難得的佳作。我大力推薦給所有的大小讀者！

國立臺灣師範大學化學系教授　李祐慈

自序

不魔幻，只寫實

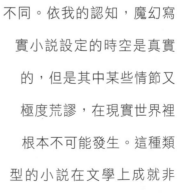

　　我最近讀了一本「魔幻寫實主義」的小說。「魔幻寫實」這個詞令我大感困惑，困惑之一是：既屬魔幻，何來寫實？這兩個互相矛盾的詞怎麼會結合在一起？困惑之二是：所有小說都是虛構的，即使寫實小說亦然，那麼魔幻小說又有什麼特別呢？讀完小說之後，我對「魔幻寫實主義」略有體悟，也終於能區別魔幻寫實小說、奇幻小說及科幻小說之間的不同。依我的認知，魔幻寫實小說設定的時空是真實的，但是其中某些情節又極度荒謬，在現實世界裡根本不可能發生。這種類型的小說在文學上成就非凡，出現了許多傑出的作品。

　　因為個人想像力不足，我寫《大家來破案》，只有寫實，絕不魔幻。不但時空就在當今臺灣，裡面的情節，雖屬虛構，也力求合情合理，人物、地點也大多有所本。作為案情背景的一些新聞事件，在臺灣是現在進行式；各種推銷、詐騙手法，就發生在我們周遭。對我來說，現實世界的題材已經取之不盡，用之不竭了！

　　光是食安問題就夠寫的了。例如《綠色「孔」怖》一文，就是在看了水產遭到汙染的新聞報導後所產生的靈感。至於故事中的重要人物陳祐丞，故事描述他在讀高中時，就對養魚非常

有興趣，不但自己養了好

幾缸魚，還利用課餘幫別人設計魚

缸賺取外快！後來申請大學時，也申請了

水產養殖系，結果教授一看到他設計的水族箱照

片，又對魚類懂得那麼多，立刻就錄取他。他進大學後，

就被老師收入實驗室，和其他碩、博士生一起進行研究。這也不

是杜撰的，我真的有這麼一名學生，成績不是很頂尖，但真的對養

魚有興趣，陳祐丞就是以他為藍本，當然名字做了修改。

　　決定以孔雀綠為題材之後，接著就蒐尋一些學術文章，結果在

1954年出版的警察期刊中，有一位美國的警官描述了用這種藥品抓

賊的方法。

　　新聞事件、個人生活經驗，加上勤讀資料，一篇篇故事就成形

了。

　　在我撰寫《幼獅少年》「大家來破案」專欄第一篇文章時，是

在二十世紀，當時實在無法想像我會持續寫到2017年的現在。但是

因為可以寫的題材實在太多了，只要新聞事件不斷，就永遠不缺題

材，但這實在不是好事，畢竟No news is good news，能寫成偵探

故事的新聞通常不是什麼好事。

　　如果臺灣這個社會，食品潔淨，密醫絕跡，沒有神棍，不再詐騙，我也想試著魔幻一下！

陳偉民 謹識

目 錄

風雲變「鉋」

　　明雪和班上同學雅薇及惠寧一起去登山，一路上景色雖荒涼，但正因人煙罕至，才能保有天然美景。中午時分三人在溪邊野餐，飯後稍作休息，接著走過木橋，到對岸的山區健行，不料卻突然下起大雨，她們急忙往回走，打算沿原路回家。可是一走到岸邊，竟發現溪水暴漲，滾滾水面與橋面同高，三人因此感到遲疑，不知該不該冒險過橋。

　　惠寧率先發言：「我們要回家就得過橋，而且動作要快，我看這橋不太穩。」

　　膽小的雅薇卻有不同意見，「這溪水已經暴漲了，橋被沖得搖搖晃晃的，我覺得我們不應該冒險。」

　　兩方爭執不下之際，卻聽到一聲巨響——木橋竟被溪水沖垮了！大家眼睜睜看著斷成幾截的木橋被溪水帶走，不禁

面面相覷，嚇出一身冷汗，心想剛才要是冒險通過，現在恐怕也一起掉入溪裡了！

「看來今天是回不了家了，怎麼辦？」雅薇害怕的說。

明雪拿出手機查看，幸好仍能收到信號，她立刻撥電話給當刑警的李雄叔叔，一方面向他通報斷橋的事，希望有關單位能盡快搶修，另一方面則請他通知三人的家長，她們暫時無法回家。

李雄除了一口答應，也告訴她們該如何避難，並再三告誡要小心。「現在雨那麼大，山路容易崩塌，山區有間溫泉旅社，妳們可以先到那裡躲雨。等雨停了，施工單位搭好便橋後，妳們再下山比較安全。」

於是三人就依照李雄的指示，沿著山區小路尋找那家溫泉旅社。穿過一條夾在大樹間的鄉間小道後，她們在滂沱大雨之中，看到一排木屋出現在一片空曠的草地上。中間那棟主屋門口立著斑駁招牌，上頭寫著「金櫻溫泉旅社」，她們走進去一看，空空蕩蕩，也沒開燈，惠寧遂扯開嗓子喊：「有人在嗎？」

櫃檯後面的房間走出一位年約六十幾歲的老太太，看起來十分虛弱。惠寧上前說明來意：「不好意思，橋斷了，我們暫時無法下山，能不能先在這裡休息？萬一木橋今天沒修好，我們可能還要投宿……」

老太太點點頭，氣喘吁吁的說：「沒問題，我看妳們淋得像落湯雞，快去湯屋泡個溫泉，換上乾淨浴袍，把溼衣服丟進洗衣機洗一洗再烘乾，等要回去時便可換上。這家旅社雖然老舊，但能泡湯，還提供餐點和住宿，不過我年紀大了，又生病，所以妳們要自己動手……」

看三個女孩臉上露出笑容，點頭如搗蒜，老太太拿了三把鑰匙給她們，「今天反正也沒別的客人，妳們就一人一間，好好泡個溫泉吧！」

明雪按鑰匙上的號碼，找到自己分配到的小木屋，發現裡面有一張床，還有裝滿水的浴池，由於是天然溫泉，水不斷注入，滿了以後又溢出去，牆上則掛著浴袍。她坐進浴池裡，熱騰騰的溫泉正好驅走雨中寒意，心滿意足的泡了半小時後，擦乾身體，換上浴袍，把溼衣服投入木屋前的洗衣機

清洗。她走回主屋時，發現惠寧和雅薇已換上浴袍，坐在餐桌前。

老太太站在櫃檯內，向她們說：「我為妳們準備了小火鍋和咖啡，自己來端吧！」

她們開心吃著美味的火鍋，咖啡還是現煮的！老太太將磨好的咖啡粉放進咖啡壺上層，然後點燃下方的酒精燈，待水沸騰衝到上層把咖啡粉溶解，再用燈罩把酒精燈熄滅；等溶解咖啡的沸水流回下層，就可以喝了。

一時之間，屋裡瀰漫著一股濃郁的咖啡香，明雪忍不住讚歎：「剛才我們狼狽得簡直像在逃難，怎能料想得到現在可以這麼享受？」

老太太看她們吃得開心，也很高興，搬了張椅子坐在一旁，和她們聊天。

原來這家溫泉旅社也曾風光過，但近幾年通往山區的道路經常因雨崩塌，所以遊客就漸漸少了。旅社在全盛時期雇用很多員工，後來生意變差，只好遣散員工，一切自己來。

「平日還有我兒子昆恩一起經營，但這幾個月來幾乎沒

有旅客，他勸我把地賣了，搬到市區去住。可是我不肯，因為我實在捨不得這間經營了幾十年的店……」老太太語帶不捨與無奈。

雅薇心有同感的點點頭，接著好奇的問：「怎麼沒看到妳兒子呢？」

「他今天去市區幫我拿藥，但是如果按妳們所說，木橋斷了的話，今天應該就沒辦法回來了。」老太太有些憂心忡忡。

明雪關心的問：「老闆娘，妳一直說自己生病，究竟是什麼病？而且本人沒去，可以拿藥嗎？」

「喔，我有結腸癌，是到大醫院檢查才知道的。醫生說要動手術，我很害怕，所以昆恩就幫我找到一位神醫，他說有種新藥可以治療癌症。」老太太充滿希望的說。

聞言，明雪和惠寧、雅薇對看一眼，結果惠寧沉不住氣，率先道：「老闆娘，妳被江湖郎中騙了啦！」

老太太揮揮手，「不會啦，聽說那位醫生用這種藥治好很多人的癌症耶！而且他人很好，怕病人來回奔波，說只要

請家人去拿藥就可以了。哪像大醫院，我每次跑一趟，光是下山就要花掉半天，更別提還要等掛號和看診……所以現在都是昆恩幫我拿藥。」

「妳連醫生的臉也沒見過？」雅薇不可置信的問。

老太太再次揮揮手，「有啦有啦，我見過一次，他的診所在市區裡。不過聽說他的藥對所有癌症都有效，所以不用看病也可以拿藥，有些國外的病人還託國內親友寄藥過去。」

三個小女生聽了都露出不可思議的表情，最後是明雪先反應過來：「這麼神奇的藥可不可以借我看一下？」

老太太從口袋掏出一包藥，拿了其中一顆給明雪。明雪仔細端詳，原來那是一粒膠囊，可裝藥的塑膠袋上沒有任何標示，實在不知道裡面是什麼成分。

她繼續問：「吃了這個藥有比較好嗎？」

老太太想了一想，「我吃這藥已經兩個星期，常常腹瀉、疲累，還會心悸……但我兒子問過醫生，他說那是藥效開始發揮……」

　　這時櫃檯的電話響起，她急忙起身去接，通完電話後對明雪她們解釋：「是昆恩啦，他說橋斷了，今天沒辦法回來，要暫時住山下親戚家，還交代我一定要吃藥……唉，剛剛這樣跑，我心臟就跳得很厲害，想先去休息了……記得，晚上六點提供晚餐喔。」

　　說完，老太太又掏出一粒膠囊，和著開水吞下，然後走進櫃檯後面的房間休息。

　　明雪打開手上的膠囊，發現裡面是白色粉末，便把藥粉倒進桌上玻璃杯剩餘的開水裡，再用筷子攪一攪。她接著將酒精燈的燈芯拉開，倒入加了藥粉的開水，然後把燈芯放回去，搖晃著酒精燈，使酒精與藥水均勻混合。

　　看到這個情景，惠寧與雅薇不解的問：「妳要做什麼？」

　　明雪卻只是笑了笑，「我也不知道，好玩嘛，如果玩出結果再告訴妳們。」

語畢，她用打火機點燃酒精燈，結果出現淡紫色火焰。明雪看了約一分鐘，又用燈罩把火滅了。

「有什麼結果嗎？」惠寧耐不住性子的問。

「還不知道。」明雪神祕一笑，接著走到門外，開始講起手機。

「哼，故作神祕。」雅薇和惠寧聳聳肩，繼續喝咖啡聊天。

幾分鐘後，明雪走了進來，卻去敲老太太的房門。惠寧不禁責怪她：「老闆娘不舒服，妳幹麼吵她？」

明雪回頭解釋：「我已經知道她不舒服的原因了，非立刻告訴她不可。」

於是惠寧和雅薇也跑到門邊，幫忙呼喊老闆娘，可房門依然沒打開。雅薇把手指放在脣邊，示意惠寧和雅薇安靜下來，側耳傾聽，裡面竟毫無聲息！

「我們這麼大聲，裡面竟然沒有反應，肯定有狀況……唉，不管了！」惠寧擔心老闆娘的安危，不顧一切試著轉動房門把手──幸好沒有上鎖！

　　三人衝進去一看，發現老闆娘倒在地上，陷入昏迷。雅薇急得差點哭出來，直呼：「怎麼辦？」

　　「我去求救。」明雪沉穩的說，便跑到戶外信號較強處，用手機向外求援。通話完畢後，她回到屋內通報：「李雄叔叔說他會聯絡直升機前來救援，我們先把老闆娘抬到空地去。」

　　惠寧急忙從床上抓了一條毯子，三人先合力把老太太抱到上面，接著抓住毯子的四個角，把她抬到木屋旁的空地上。幸好這時雨停了，她們就在那兒等候直升機。

　　不久，天空那頭傳來噠噠聲響，還吹起好大一陣風──直升機來了。

　　機上跳下兩名醫護人員，立刻檢查老太太的情況，「不妙，患者心律不整，呼吸也不正常，得趕快飛回醫院……妳們也一起上來！」

　　降落在軍用機場時，已有一輛救護車在旁等候，老闆娘馬上被送到醫院，明雪她們也一起跟了進去。

　　待老太太被護士推走，三人這才發現自己還穿著浴袍，站在人來人往的醫院顯得十分突兀！

　　但惠寧沒空管這些，她急著問明雪：「現在可以告訴我們是怎麼回事了吧？」

　　明雪接過自己的衣服，用手摸了摸，發現還沒有全乾，只好繼續穿著浴袍，這才開口說明：「我想從老闆娘的描述中，大家都知道她被江湖郎中騙了，卻不知道那藥是什麼成分；有些假藥只是維他命，雖延誤治療時間，但沒有立即危險。我先把藥粉溶於水中，再與酒精混合燃燒，就是利用我們在化學課學過的焰色試驗法──不同金屬離子在火焰中燃燒，會出現不同顏色，像節慶時放煙火，就是利用這個原理，當然也可依此檢驗藥品成分。但剛才實驗時出現的淡紫色火焰，我從來沒見過，所以才跑到屋外打手機給鑑識專家張倩阿姨，向她形容老闆娘的症狀和焰色試驗的結果，令我吃驚的是，她說藥品中可能含有大量氯化銫……」

「嗨！」說到一半，突然有人在背後打了聲招呼，明雪嚇了一跳，回頭一看，原來是張倩。

張倩笑著接話：「我先補充妳的說明。淡紫色火焰應該是鉈造成的，由於其他國家也曾出現類似案例，有些江湖郎中號稱氯化鉈可以治療所有癌症，結果劑量太高，引發病人心律不整，差點喪命，所以我才判斷老闆娘的藥應該就是氯化鉈。李雄警官通知直升機救援的同時，也要我到醫院採樣——剛才醫生已為老闆娘抽血，我利用醫院儀器檢驗，發現她血中的鉈濃度是正常人的一萬倍以上，在急救過程中，她還一度停止呼吸，情況十分危急！幸好妳們機警，才救了她一命。」

聽到這裡，惠寧鬆了一口氣，一會兒又憤憤罵道：「這種江湖郎中太可惡了！不趕快抓起來，不知要害死多少人？」

張倩拍拍她的肩，「放心，李雄警官正在找老闆娘的兒子昆恩，只要問出江湖郎中的資料，立刻就逮捕到案！」

「阿姨，我還有個疑問……醫院那麼多人，妳怎麼找到

我們的？」雅薇好奇的問。

　　張倩呵呵笑了出來，「嗯，我倒不是有意要找妳們，不過三位美女穿著浴袍站在醫院裡，實在太搶眼了，想不注意都難。」

　　語畢，三名小女生發現果然有好多人瞪著她們瞧，還竊竊私語，真是尷尬！

　　張倩繼續笑道：「妳們若以這模樣去搭公車，更會引起異樣眼光。快上我的車吧！我送妳們回家。」

　　明雪她們這才紅著臉，吶吶的道謝，乖乖跟在張倩身後離開醫院。

科學小百科

　　如文中所述，某些金屬離子在燃燒時會出現不同顏色，「焰色試驗法」就是利用火焰顏色來辨別未知樣品中的物質成分。

　　實驗時，先將金屬鹽溶於水，再混入酒精中（不需太濃），製成酒精溶液。接著裝入噴霧瓶，朝火焰噴灑這些酒精溶液，便可觀察到各種金屬離子的焰色。

　　利用這個原理，古人很早就發明了煙火，所以夜空中散發光彩奪目的火樹銀花，其實是不同金屬鹽類在高熱瞬間所綻放的光輝，例如鎂、鋇、鈉等。

　　除了鉋之外，右方表格是常見元素離子的焰色，括弧內則為其離子化學式。

金屬名稱	焰色
鋰（Li^+）	深紅色
鈉（Na^+）	黃色
鉀（K^+）	紫色
鎂（Mg^{2+}）	強烈白光
鈣（Ca^{2+}）	磚紅色
鍶（Sr^{2+}）	深紅色
鋇（Ba^{2+}）	黃綠色

銘記在心

今天是星期天，由於阿公和阿嬤正好到臺北來，明雪全家開心的聚餐，大家吃吃喝喝，又聊著每個人的糗事，嘻嘻哈哈，非常快樂。可是飯後爸爸卻發現阿公皺著眉頭，手撫著胸口。

「胸口又痛了嗎？」

阿公痛苦的點點頭，他最近常常胸口痛，尤其是剛吃飽飯後，情況更嚴重。這次來臺北就是為了到大醫院做詳細檢查。

爸爸扶著阿公說：「已經幫你預約掛號了，等星期一就到醫院看心臟科門診。我現在先扶你到房裡休息。」

本來大家計畫飯後要去參觀博物館，因阿公身體不適，也只好取消。明雪向爸媽說：「那我和弟弟兩個人自己去好

了！」

取得爸爸和媽媽的同意後，兩姊弟就一起出門。他們快到博物館時，遇到紅燈，只好停下等候燈號改變，突然有輛警車響著警笛從遠處開來。兩姊弟正好奇發生了什麼事時，警車恰好停在街角一棟木屋前，車上走下兩名警察，明雪一看，正好是李雄叔叔和他的搭檔林警官。

這時候，木屋的門打開，走出一個身穿披薩店制服的長髮青年，李雄立刻把他攔下來問話。

「屋子裡面有什麼人？」

那名青年說：「有人打電話叫了一份披薩，我是來送披薩的。但是喊了半天，屋裡並沒有人回應，可能是惡作劇吧！現在這種無聊的人很多。」

這時候木屋的門突然關上，李雄和林警官兩人對看了一眼並說：「人果然還在裡面。」於是兩人都衝上前去敲門。

披薩店的員工則騎著停在路邊的摩托車走了。

明雪和明安兩人知道李雄正在辦案，不敢前去打擾，可是他們對刑案又非常的好奇，兩人商量了一下，決定不去博

物館了，站在路邊靜靜觀察事情的發展。

　　李雄高喊：「我們是警察，快開門」，但屋內都沒有回應，又用力敲了一陣子門，還是毫無動靜。

　　林警官到屋後繞了一圈，回來說：「木屋並無後門，嫌犯應該跑不掉。」

　　李雄就交代林警官：「我守在這裡，你去找里長和鎖匠來。我們甕中捉鱉，不怕他溜掉。」

　　林警官依吩咐離開後，明雪見局勢比較和緩，就遠遠的和李雄打招呼。

　　「李叔叔，你們在抓壞人嗎？」

　　李雄立刻揮手制止。「對，你們不要太靠近喔！我們接到線報說這裡住著一名鑽石大盜，我們對他的長相和習性都不了解，也不知道他有沒有武器，所以你們別太靠近。」

　　這時林警官已經找來里長和鎖匠。李雄詢問里長這間木屋的住戶是什麼人，里長說：「屋主在南部，這木屋已經很久沒有人住了，聽說最近才租出去，我也沒見過這名房客。」

　　於是李雄指示鎖匠立刻開門，可是鎖匠弄了半天還是打不開，他說這個鎖太精密了，一時間沒辦法打開，他只好回店裡拿電鑽來把它鑽開。

　　又過了二十分鐘，鎖匠終於破壞門鎖，把門打開。兩名警官急忙衝進屋裡，卻驚訝的發現屋裡空無一人。兩人驚訝的喃喃自語：「太奇怪了，屋子裡的人怎麼會憑空消失？莫非我們遇上靈異事件？」

　　明雪和明安在門外目睹這一幕也百思不解，這時明雪的手機響起，原來是爸爸打來的。

　　「阿公突然昏迷，我現在要送他到醫院急診室，你們兩個快到醫院會合。」

　　姊弟倆急忙向李雄告辭，趕到醫院去。

　　他們抵達醫院時，阿公已經被送進心導管檢查室，爸爸和阿嬤焦急的坐在外面等候。

　　明安問：「阿公怎麼了？」

　　「醫生檢查後發現阿公可能是心肌梗塞，現在正在做心導管檢查……」

　　這時候護士走出檢查室，請家屬進入聽取說明，所有人都跟著走進去。

　　醫師在一部電腦螢幕前等候他們，他說：「經我們打入顯影劑進行心導管檢查後，發現病人的兩條冠狀動脈堵塞，你們可以由這段影片看到……」醫生邊說邊請他們觀看電腦螢幕上的畫面，醫生指著其中一個點說：「你們看，這裡看不到顯影劑，就表示血管堵住了。」

　　明雪和明安根本看不懂，只看到畫面上幾根樹枝狀的黑色管子可能就是血管吧，好像斷掉的樹枝。

　　爸爸表情沉了下來：「那現在該怎麼辦？」

　　醫生說：「可以放入支架把堵住的血管撐開來。」

　　醫師正要向爸爸說明手術的性質與風險，爸爸說：「我略有了解，不必說明，請爭取時間，趕快動手術吧！」

　　於是醫師點點頭，準備進行手術。一家人退出手術室後，明安問：「阿公要進行什麼手術呢？危險不危險呢？」

　　爸爸先在護士送過來的手術同意書上簽名後，再詳細的為明安解釋。「醫生會由阿公的大腿股動脈處切開一個洞，

由這裡送入一段金屬支架到冠狀動脈，把阿公的血管撐開，使血液流通。至於手術一定會有風險，不過現代醫學發達，這種手術的成功率很高，不用太擔心。」

明雪和明安聽了不禁咋舌，明雪疑惑的說：「好神奇喔，如果金屬支架可以撐開血管，那直徑一定比現在的血管大，在由股動脈送到心臟附近時不會卡住嗎？」

爸爸立刻解釋：「這種支架在未張開前直徑很小，送到冠狀動脈時才會擴張開來，把血管撐開。使支架擴張的方式有很多種，其中有一種是利用記憶合金。」

明安更不懂了。「記憶合金？這種合金有記憶性？那能幫我記住九九乘法表嗎？」

爸爸被明安逗得笑了出來，原本深鎖的眉頭總算舒展開來。「它完整的名稱叫形狀記憶合金，成分有好多種，常見的一種是鎳鈦合金。這種合金會「記住」原本的形狀，即使你把它扭曲成另一種形狀，只要受熱它就會恢復成原來的形狀。它只能記住形狀，不能幫你記九九乘法表。」

明雪想確認自己有沒有聽懂爸爸的意思，詢問道：「用

記憶合金製成的支架雖然被壓縮成直徑較小的形狀，但在進入人體之後，溫度變高，因此會張開而恢復原來直徑，因此把血管撐開了，是嗎？」

爸爸點點頭表示她說得很正確。

手術進行了將近兩個鐘頭，終於見到阿公被推出來，醫師也宣布手術非常成功，並請他們進入看手術後的照片，原來斷掉的樹枝好像又長出新的細枝，醫生說那代表血液再度流通了，醫生還指給他們看新裝的支架在那裡，一家人總算放下心。手術後，阿公又在病房裡住了一夜，第二天中午才回家。

明雪確定阿公沒事後，又再度思索星期天親眼目睹的嫌犯消失奇案。星期一放學後，她順道至警察局找李雄叔叔，她想知道小木屋的案子進行得怎麼樣了。

李雄關心的問了阿公的病情後，向她解釋道：「如妳所

見，屋裡空無一人，可能線民提供的線索有錯吧！」

　　明雪不能接受這樣的答案。「可是門明明當著我們的面關上的啊！」

　　李雄說：「我和林警官討論以後，猜測可能是風吹的，如果屋內有人，怎麼可能憑空消失？何況披薩店的送貨員也說沒人回應……」

　　明雪問：「你們事後有再去找這名披薩店的送貨員嗎？」

　　李雄尷尬的說：「沒有呀，反正屋裡又沒找到嫌犯，難道妳懷疑……」

　　明雪搖搖頭說：「我也不知道這到底是怎麼回事，不過我可以回到小木屋察看一下現場嗎？當天我還沒進屋就被我爸叫到醫院去了。」

　　李雄點點頭說：「好啊！反正那裡並沒有被列為犯罪現場，只交代管區警員在巡邏時多注意那間房子，如果發現有人進入，立刻通知我。不過現在我陪妳去比較安全。」說完他就帶著明雪搭上警車，前往現場。

　　明雪知道察看現場的機會如果沒有通知弟弟，他知道後一定會大發雷霆，便打手機通知明安到小木屋來會合。李雄也利用警車上的無線電與管區警員確認過，這兩天都沒有人進出小木屋。

　　警車再度停在小木屋前，李雄走前面，小心翼翼推開木門，確認屋裡沒人後，招手要明雪進入。明雪並不察看屋裡的擺設，而是直接走到門後，觀察了一陣子之後，微笑著點點頭，又拿起手機撥了電話給弟弟。「明安，你快到了嗎？」

　　明安回答：「再轉個彎就到了。」

　　明雪說：「你先到路口那家便利商店買一枚電池帶過來。」

　　明安雖然不知道姊姊要電池幹什麼，但他還是照辦，三分鐘後明安就帶著電池進入小木屋。

　　李雄到目前仍然搞不懂明雪在玩什麼把戲，不禁好奇的問。「妳要電池做什麼？」

　　明雪笑著說：「你馬上就知道。」

　　她從門後抽出一枚舊電池，換上明安帶來的新電池後，說：「我們全都後退，看看會發生什麼事？」

　　李雄和明安隨著明雪後退，三人距離木門有兩公尺遠，幾秒後卻見門自動關上。

　　李雄和明安都十分訝異，齊聲問道：「為什麼門會自動關上？」

　　明雪帶著他們走到門後。「你們摸摸這根金屬線。」

　　明安上前仔細一看，門後有個電池盒，裡面裝著明安剛買來的電池，有一條銀白色的金屬線，一端接著電池的正極，另一端接著電池的負極，金屬線的中端勾住V形金屬片的末端。明安用手去接觸金屬線，感覺有點燙，急忙把手收回來。

　　李雄也摸了。「為什麼會燙？」

　　「因為現在是短路啊！」明雪一邊回答，一邊把電池拆了下來。「把電源切斷，金屬很快就會冷卻下來。」

　　接著她把木門打開，把金屬片用力扳成L形，並讓金屬片末端與木門輕輕接觸，然後再次把電池裝回電池盒中，幾

秒後門又自動關上，明安拍手驚呼：「姊，這真是太神奇了，告訴我原理。」

　　明雪笑著說：「這塊金屬片就是形狀記憶合金呀，它本來的形狀是V形的，當我們用力把它扳成L形時，改變了它的形狀。一旦因金屬線因短路而變熱，熱會傳給記憶合金，於是它就恢復成原來的V形，同時推動門板，把門關上。」明雪拿出紙和筆，一邊畫圖（如下圖），一邊解說。

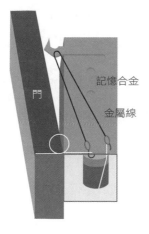
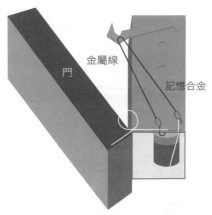

把金屬片扳成L形　　　金屬片受熱後，恢復為原來的V形

　　李雄沉思之後說：「所以說，當天警車抵達時，嫌犯真的在屋裡，但他換上披薩店的制服，在門後這個機關裝上電池，然後打開門走出來。在我們攔住他問話時，門自動關上，讓我們誤以為嫌犯還在屋裡，所以就放過他，這套自動關門的機關是用來誤導警方的，等我們找來里長及鎖匠把門打開時，嫌犯早就逃得不見人影了。」

　　明雪點點頭。「沒錯，嫌犯很狡猾，他應該早就想好這套脫身計畫，包括關門機關、披薩店制服和停在門口的機車等，我猜那輛機車是隨時停在那裡準備逃亡的。」

　　李雄懊惱的說：「真後悔上了他的當！」

　　明雪安慰他說：「沒關係，他走得這麼匆忙，不可能有機會消滅所有的證據，如果仔細搜查，應該可以找到許多有用的線索，包括指紋等。還有你和林警官都已經見過他的臉，今後不會再對他一無所知了。」

　　李雄點點頭。「嗯，我馬上聯絡張倩前來蒐證，另外再找畫家來依我和林警官的描述繪製嫌犯的畫相，此外歹徒這種誤導的手法也應讓所有警員提高警覺，我們要好好記取這次的教訓。」

　　明雪笑著說：「對呀！亡羊補牢，也不算毫無收穫啦！」

 **科學** 小百科

　　「形狀記憶合金」又有人稱為「智慧型合金」，這是一種對溫度特別敏感的特殊材料，這種合金對形狀有特殊的記憶能力，在一定條件下（通常是加熱到一定溫度時），它就會恢復到原來的形狀。

　　「記憶合金」為什麼具有記憶能力呢？金屬是由相同原子緊密堆積而成的，而合金則是由不同的金屬原子堆積形成的。由於金屬原子的大小和結構各有不同，合金形成的條件也相異，因而形成不同的晶體結構，記憶合金的相變化就是由於晶格結構改變所引起的。包括鎳鈦合金、銅鋅合金、銅鋁鎳合金以及銅金鋅合金等，現在也有以鐵合金及不銹鋼合金製成的記憶合金材質。在這麼多的記憶合金中，以鎳鈦合金的應用最廣泛，因為它的「記憶溫度」可以藉由調整鎳鈦的比例成分來調節。

　　因為記憶合金具有特殊的記憶功能，所以現在被廣泛應用在航空、衛星、醫療、生物工程、能源技術中，舉凡骨科用的鋁合金假腿的接頭、接骨的骨板、飛機上的特殊鉚釘，還有可縮小帶上太空的龐大天線，醫療上的人造心瓣膜、脊椎矯正棍、口腔牙齒矯形，甚至是固定眼鏡鏡片的鏡架，都有賴這些記憶合金來製作。

當局者「醚」

這一堂是生物實驗課，要解剖青蛙。

明雪在國中時因參加科學營隊，曾經解剖過一隻青蛙，所以對這個課程有點了解。她還記得當時是用棉花蘸乙醚，蒙住青蛙的口鼻，讓青蛙昏迷，然後將牠釘在蠟盤（解剖盤）上。接著用剪刀剪開青蛙的肚皮，觀察內臟的情形。

不過出乎她意料，老師卻要他們由解剖器材包中取出一根針。「往青蛙後腦勺那個凹下去的點刺進去，稍微轉一下，青蛙就失去知覺，接下來就可以剪開牠的肚皮……」老師一邊示範，一邊解說。

一發現有新的實驗方式，明雪立刻精神大振，照著老師的做法，左手抓住青蛙，並用食指將牠的頭輕輕向下壓，然後用大拇指去摸索牠後腦勺，果然在骨頭間有個凹下去的

點，就用針刺下去，青蛙果然就不動了。接下來她把練習機
會留給其他同學，自己跑去請教老師。

「老師，我以前學過解剖青蛙，不過是用乙醚將青蛙麻
醉，為什麼現在要用針刺牠的後腦勺呢？」

老師說：「在解剖之後，我們希望觀察到青蛙內臟的運
作情形，例如肺臟的呼吸，胃腸的蠕動等，所以必須確保青
蛙在解剖過程是活的。因此一般採用乙醚麻醉法或腦脊髓穿
刺法。由於乙醚可燃，又有麻醉性，我怕學生吸到，所以盡
量教你們用穿刺法，將青蛙的腦脊髓破壞後，在解剖過程牠
就不會感到痛苦。不過有些高中生第一次
進行穿刺時，都沒辦法成功，在那種
情況下，我就會要他
們改用乙醚麻醉。
我剛剛看到你進
行穿刺法，一次
就成功，技術很
不錯啊！」

這時候，奇錚慌慌張張跑過來說：「老師，我們刺了好幾次，青蛙還是在動，怎麼辦？」

老師對著明雪笑了笑說：「妳看吧！」然後拿出一瓶乙醚，走到他們那一組的實驗桌前，教導他們用乙醚麻醉的方法。

這一堂生物課就在緊張刺激的氣氛下結束了，下了課同學仍然議論紛紛，有人認為解剖青蛙太殘忍，有人卻主張為了求知，這是必要的。有人嫌穿刺法太難，有人則嫌乙醚氣味很怪。大家熱烈的討論著，直到下一堂課的化學老師走進教室時仍然在進行著。

化學老師已經站在講臺上好幾分鐘了，竟然沒有人理會他，便大聲問：「嘿！你們是怎麼回事，不想上課了嗎？」

班長惠寧急忙喊口令，全班同學也立刻安靜下來，並向老師行禮。

全班行禮完畢之後，奇錚立刻說：「老師，我們上一堂生物課學習解剖青蛙，我們這一組用乙醚進行麻醉，可不可以請老師為我們講解一下乙醚的性質。」

雅薇嘲笑他說：「穿刺技術不好才用乙醚，還敢說。」

奇錚正要還嘴，被化學老師揮手制止。「原來你們上一堂課使用了乙醚，難怪個個頭昏腦脹，連老師進教室了都不知道。」

大家知道老師乘機挖苦他們剛才秩序混亂，所以沒有人敢笑，只能靜靜聽老師解說乙醚的性質。

「乙醚是一種無色，有揮發性（就是很容易變成氣體）的可燃液體，有特殊氣味………」聽到這裡，同學們都點點頭。

「……在實驗室裡常作為溶劑，在醫學上則是作為麻醉劑。」

惠寧問：「乙醚除了可以麻醉動物外，也可以作為人類的麻醉劑嗎？」

「可以，大約在美國南北戰爭期間，乙醚和氯仿同時成為醫學上最普遍的麻醉劑。因為當時戰況非常激烈，經常有士兵需要截肢或動手術，幸好有了這兩種麻醉劑，減輕了士兵在手術中的痛苦。後來，乙醚因為易燃，比較危險，漸漸

就不受歡迎。不過我要提醒你們，任何麻醉劑的用量都要非常小心，稍有過量，就有可能致命，而且進行任何與乙醚相關的實驗時，都要嚴禁煙火，以免引燃；同時要保持通風，才不會吸入過多乙醚。」

同學們點點頭，因為他們早就養成習慣，進入實驗室就要把窗戶完全打開，所以通風良好，沒有問題。

解釋完乙醚的性質後，化學老師急著說：「好啦，接下來的時間，我要趕進度了，因為下禮拜就要舉行段考了，我們還沒上完呢！」

接下來的一周大家都忙著準備段考，直到段考結束的那一天，大家總算鬆了一口氣。惠寧提議大家周末一起出去玩，放鬆一下緊繃的情緒。

「去哪裡玩好呢？」大夥問。

惠寧說：「我帶你們去爬山，而且那座山上有一對龍鳳

瀑布，風景很不錯。」

　　有山有水，聽起來不錯，但是因為路途遙遠，最後只有惠寧、奇錚、雅薇和明雪他們四個死黨要去。

　　當天四個人搭著公車進入山區，在終點站下車。因為往前就是狹窄的山路，汽車無法進入，因此公車在空地掉頭後，又下山去了。

　　坐了約一小時的車，雅薇想上廁所，惠寧指著空地旁的小徑，「跟我來，從這裡走過去有一間公共廁所，要上廁所的一定要在這裡上，山裡面沒有廁所了。」

　　其他兩人都隨惠寧沿著小徑去上廁所，只有明雪沒去，幫同學拿著背包在空地旁等候。這時有輛小轎車由山下駛來，停在空地中央，車上走下一名穿著袈裟的光頭男子及一對老夫婦。

　　穿著袈裟的光頭男子年紀很輕，四方形臉，雖然是和尚的裝扮，但是他的眼神透露著幾分邪惡，怎麼看都不像出家人，更怪異的是他手裡還提著一個小金屬籠子，裡面有隻雞。老夫婦年齡都很大，頭戴保暖的毛線帽，身穿黑色棉

襖，滿臉風霜，看來是純樸的老農。

　　明雪好意的上前告知：「這個空地是公車掉頭的地方，你們車子停在這裡，公車會無法掉頭。」

　　光頭男子惡狠狠的說：「要妳管！現在只有我一輛車，我想停哪裡就停哪裡。」

　　由於對方口氣很凶，明雪嚇了一跳，不由得後退好幾步，幸好老先生好言相勸：「師父，我們就把車移到旁邊，這樣大家都方便啊！」

　　光頭男子悻悻然的把車移開，停好車後，還狠狠瞪了明雪一眼，才領著兩夫婦沿著上山的階梯往上走。

　　幾分鐘後，上廁所的同學陸陸續續回來了。

　　雅薇笑著說：「太誇張了，廁所竟然長青苔，可見這裡有多偏僻啊，廁所大概很少人用。」

　　奇錚發現空地上多了一輛車。「除了我們之外，還有其他人來爬山喔？」

　　明雪點點頭說：「嗯，一對老夫婦和一個凶巴巴的和尚。」

　　明雪一邊走，一邊把剛才受和尚喝斥的經過說給大家聽，大家都說沒見過修養這麼差的出家人。

　　奇錚說：「我猜他一定是假和尚，如果當時是我在場，就和他吵架，我才不怕他！」

　　這時前方出現一條岔路，大夥停下腳步，問惠寧到底該走哪一條路。

　　「反正都可以到瀑布，我們就走右邊那條路上山，等一下走左邊那條路下山吧！」

　　右邊那條路寬敞好走，過了幾座石橋，就看到瀑布，水量雖然不大，但是好像茂盛的林木之間夾著一匹白練，好不美麗！

　　下山時，惠寧指著右邊的石橋說：「如果剛剛我們走左邊那條路就會通過這座石橋，這條路距離較短，但因道路狹窄，很少人行走。」

　　這時候雅薇堅持要走通過石橋的小路。「我腳痠死了啦，只要能快點下山就好，管他路寬路窄。」

　　於是大夥就依她的意思改走小路下山，沒多久就發現前方路邊小廟處有幾個人在講話。走在最前面的明雪立刻用手勢要大家安靜。「噓！不要出聲，那個很凶的和尚在前面。」

　　奇錚說：「原來他跟我們走不同路線，難怪一路上沒見到，可是我們為什麼要怕他？」

　　「不是怕他，因為我覺得他行跡可疑，我們不妨躲在樹林裡，偷偷聽他在說些什麼！」

　　惠寧笑著說：「原來明雪又想扮演小偵探了，好吧，我們就來看看這個和尚在搞什麼鬼！」

　　只見和尚念了一長串咒語之後，對老先生說：「你太太得的這個病是不治之症。我從剛剛做法到現在，終於獲得廟裡供奉的神明同意，用這隻雞來代替她死。」

　　和尚一邊說一邊用左手由籠子裡抓起那隻雞，嘴裡念著咒語，接著用右手按在雞的喉部，不一會兒，本來奮力掙扎

的雞就僵直不動了。

「妳看，這隻雞已經代替妳死去，妳將可以死裡逃生，這場病可以不藥而癒。」

老婦人高興得雙手合十，向和尚鞠躬。「謝謝師父救命之恩，可是這隻雞也太可憐了吧！」

和尚笑著說：「別擔心，我再施展法術讓牠復活就好了。」

說著和尚把雞放在地上，然後念念有辭，不久之後，雞的身體又動了起來，搖搖晃晃的站了起來。

老夫婦大感驚訝。「師父真是法力無邊呀！」

和尚笑著說：「沒什麼，我已經依照約定幫你們消災解厄，我們下山吧！」

老先生立刻雙手奉上一疊鈔票。「師父，感謝您救了內人的命，這是事先約定好的費用，請您收下。」

和尚笑著把錢收進袈裟裡，然後提著空籠子往山下走去。

老夫婦問：「師父，這隻雞不要了嗎？」

　　和尚頭也不回的說：「這隻雞已經替妳死過一次，功德圓滿，將牠放生吧！」老夫婦急忙追上去。

　　等他們走遠之後，奇錚立刻衝過去抓雞，由於那隻雞走起路來仍然跌跌撞撞，一下就被奇錚抓到了。明雪則跑到小廟前的空地，蹲在地上尋找，不久果然找到一團潮溼的棉花，她將棉花撿了起來，用手搧向自己的鼻子，果然聞到一股熟悉又特殊的氣味。她用肯定的語氣說：「果然是乙醚沒錯！」

　　其他人也接過去用同樣的方法搧氣嗅聞，這方法是化學老師上課教過的，以免在嗅聞時吸入太多有毒氣體，每個人聞過後都說：「嗯，就是那天解剖青蛙時聞到的味道。」

　　明雪怕乙醚揮發掉，就拿出一包面紙，把紙取出，用塑膠袋把那團棉花包好，並走到一旁撥打手機。

　　雅薇說：「所以這個和尚是在裝神弄鬼囉！他根本沒有什麼法力，只是偷偷用蘸了乙醚的棉花掩住雞的喙部，讓牠昏迷，令老夫婦誤以為雞死掉。然後把雞放在地面，過不久麻醉藥效退了，雞又醒過來，並不是死而復生。」

奇錚說：「對呀，就像那堂實驗課，我們這一組用乙醚麻醉青蛙時，第一次因使用的乙醚分量不足，沒幾分鐘，青蛙就醒過來了。」

惠寧說：「這個和尚用這種方式詐取錢財，還讓老婦人誤以為自己的病已經好了，因而延誤就醫，太可惡了，我們怎麼制止他？」

雅薇說：「快點報警！」

明雪笑著說：「其實當他凶巴巴對我講話時，我就懷疑他是假和尚，因此偷偷記下車號，在他做法的當兒，我就懷疑他使用麻醉劑，等他們一離開，我就找尋證據，還好找到有乙醚氣味的棉花，可說證據確鑿，因此已經打電話報警了。」

奇錚說：「我也猜到了，所以動手抓雞作為證據，可是我擔心等警察趕到時，他可能已經逃之夭夭了。」

惠寧說：「這倒不必擔心，下山的路只有一條，警察只要在半路上攔截，他一定逃不了的。」

明雪開心的說：「看來不只我是小偵探唷，今天大家都

發揮了高明的推理能力。」

　　他們一行人邊走邊聊，已經來到等車的空地，和尚的車子果然已經開走了。他們看看公車站牌上的班次時間表，還要一個小時後才有車，只好無奈等候。不料約十分鐘後，一輛警車開上山來。

　　開車的警察搖下車窗問：「你們就是報案的高中生嗎？快上車，我們已經依照你們提供的車號在半路逮捕假冒和尚騙財的歹徒，他用類似手法已經詐騙過很多人了，現在需要你們去派出所做筆錄。」

　　明雪說：「不只這樣，我們手上還蒐集了所有的證據喔！」

　　奇錚高高興興的抱著雞上了警車，笑說：「哈！我本來還擔心抱著雞不能上公車呢！」

 科學 小百科

乙醚（Ether）又稱二乙醚或乙氧基乙烷，示性式為 $(C_2H_5)_2O$（或簡寫為 Et_2O）。這是一種無色透明液體，但因為乙醚的沸點只有攝氏34.5度，故極易揮發、易燃，氣味帶有刺激性的特殊甜味，以前常常被當作吸入性麻醉劑。

乙醚也是一種用途非常廣泛的有機溶劑，可用作蠟、脂肪、油、香料、生物鹼、橡膠等的溶劑，在與空氣隔絕時相當穩定，在空氣中久置後能生成有爆炸性的過氧化物。一旦乙醚蒸氣遇到火花、高溫、氧化劑、過氯酸、氯氣、氧氣、臭氧等，就有發生燃燒爆炸的危險，有時也會因靜電而起火。

凍解冰釋

　　農曆年剛過，叔叔一家人要回國度假，會到家裡來住幾天，大家自然是高興得不得了

　　今天下午爸爸到機場接了叔叔全家回來，大夥見了面，熱情的擁抱談笑。堂弟明倫長高不少，快上小學了。

　　晚飯後，嬸嬸催明倫快點去洗澡，才能趕快睡覺。

　　明倫乖乖拿著換洗的衣服就要走進浴室，卻突然問：「我的無敵鐵金剛呢？」

　　「啥？」明雪和明安都一頭霧水，不懂洗澡為什麼要找鐵金剛。

　　嬸嬸卻笑著說：「有，有帶回臺灣，我就知道你洗澡一定會找鐵金剛。我現在就去拿給你，你先進去泡澡。」接著走進房間，從大行李箱裡找出一個塑膠玩偶。

嬸嬸把塑膠玩偶交給明安看。「瞧，這就是他的無敵鐵金剛。」

原來是個機器人造型的玩偶，頭戴銀色盔甲，身穿黑色緊身衣，腳上穿著藍色長靴，胸前有個紫色的Ｖ字形，十分威武。

嬸嬸把無敵鐵金剛送進浴室交給明倫後搖搖頭，笑著說：「這是他從小養成的習慣，每次洗澡都要和無敵鐵金剛一起泡熱水。」

過了二十分鐘，明倫渾身泡得紅通通的從浴室走出來，手裡還緊緊抓著無敵鐵金剛。

明安取笑他說：「洗好了喔？無敵鐵金剛有沒有一起洗乾淨？」

明倫也不以為意，把無敵鐵金剛遞給明安看。「有啊，你看！」

明安接過來一看，發現一件怪事，無敵鐵金剛胸前那個紫色的Ｖ字已經變成藍色。他懷疑自己記錯了，便轉頭看了姊姊一眼。

明雪也發現了。「喔！胸前這個V字形圖案變色了。」

嬸嬸笑著說：「對啊，那個圖案只要泡到熱水，就會變藍色；等一下冷卻以後，又會變回紫色。所以他才那麼喜歡帶著無敵鐵金剛一起泡熱水澡，他對這個顏色變化的現象很感興趣，還一直說，回國後要問姊姊，看看那是什麼東西做的。」

明倫果真仰著頭等待姊姊的解說。

但明雪搔搔頭，顯得不怎麼有把握。「遇熱變藍色，難道是氯化亞鈷嗎？據我所知氯化亞鈷在低溫時會含有結晶水，呈紅色；一旦遇到高溫，就會失去結晶水，而呈藍色。不過是紅藍之間的變化，而不是紫藍之間的變化，好像不太符合……」

明倫聽姊姊自言自語的說了一些化學藥品的名稱，搖搖頭說：「聽不懂，算了，我要去睡了。」

明倫雖然不再追問，但明雪自己卻感到很困惑，她決定去問爸爸。「明倫，你睡覺不用抱著無敵鐵金剛吧？可以借我一下嗎？」

明倫搖搖頭說：「不用，他睡覺時又不會變色。」

說完明倫就進房去睡覺了，明雪則拿著玩偶到客廳去找爸爸。

爸爸正和叔叔在聊天，聽完明雪的陳述後，把玩偶接過去仔細端詳了好幾分鐘，這時V字型圖案因為冷卻又變回紫色。

明安說：「我去拿一杯熱水和一杯冷水，讓你看看怎麼變色的。」

爸爸笑著說：「是你自己想玩吧？我看這未必是氯化亞鈷，這一類會因溫度而改變顏色的物質通稱為『熱變色著色劑』，種類繁多，包含有機化合物、無機化合物，還有液晶，不但顏色變化各不相同，變色溫度也不相同。無敵鐵金剛這個V字，說不定底色是藍色，再加上紅色的著色劑，所以會呈現紫色。在高溫時，紅色的著色劑漸漸變成無色，所以V字形就呈現底色的藍。」

明安果然拿來了一杯熱水和一杯冷水，把玩偶一下放

熱水，一下放冷水，觀察Ｖ字的顏色變化，玩得不亦樂乎！
明雪不屑的哼了一聲。「幼稚！」便轉頭過去，繼續請教爸
爸。「這些熱變色著色劑除了製造玩具以外，還有沒有別的
用途？」

「有啊！」爸爸反問道：「妳還記得在SARS流行期
間，每天都要量體溫嗎？後來量到煩了，有些人就乾脆買量
體溫用的貼紙來貼在額頭上，這樣一有發燒，貼紙就會變
色，方便多了。」

明雪恍然大悟。「原來那就是『熱變色著色劑』製成的
啊！」

叔叔一家在臺灣停留了一星期，又匆匆趕回美國去了。
明雪的日子恢復正常，第一次段考隨即到來，經過幾天忙碌
的準備與應考後，發考卷的日子到了。

今天第一節是數學，也是許多同學擔心害怕的一科。老

師一走進教室，大家就發現他的臉色鐵青，一定是大家考得不好，全班嚇得噤若寒蟬，不敢作聲。

老師發完考卷後，更把全班臭罵一頓。「有些同學是不會寫，有些同學會寫，卻又粗心大意，漏掉重要符號或數字，東扣西扣，難怪分數慘不忍睹。」

明雪雖然勉強及格，但自知這樣的成績很不理想，所以專心聽老師講解。老師一題一題詳細解說之餘，不忘糾正同學們的錯誤，尤其是非選擇題，因為是老師親手批改，而非電腦閱卷，所以老師對同學們所犯的重大錯誤都還有印象。

「像這一題，明雪竟然把正弦函數寫成餘弦函數，太離譜了！」

明雪只能慚愧的點點頭，表示認錯，並急忙用紅筆把正確答案訂正在考卷上。

講到非選擇題最後一題時，韻惠突然舉手說：「老師，這一題我明明寫對，您改錯了。」

老師愣了一下。「拿來我看看！」

韻惠把考卷拿到講臺前交給老師，老師盯著考卷看了一

陣子。「不可能呀！我在 a 之前用紅筆畫了一個圈，表示你在 a 之前多寫了一個數，怎麼現在變空白？」

韻惠卻堅持說：「我寫的答案本來就是 c=a-b，a 前面沒有數字啊，您卻扣我分數，害我從 60 分變成 58 分。」

老師認為他用紅筆畫了圈的地方就是多出了一個錯誤的數，那是他改考卷一向的習慣，可見當初 a 之前一定有一個錯誤的數。但是韻惠也堅持自己本來就寫對，a 前面並沒有數字。老師厲聲問：「妳有沒有塗改過這個地方？」

「沒有，我書包裡並沒有橡皮擦，而且如果用橡皮擦要把原子筆的筆跡擦掉的話，根本擦不起來，硬要擦掉，考卷會擦破的。」韻惠臉不紅氣不喘的回答。

老師又盯著考卷看，並沒有發現破洞或明顯起毛的現象。這時候下課鐘聲響起，老師只好拿著考卷，對韻惠說：「妳跟著我到辦公室來一趟。」

老師和韻惠離開教室後，同學們都針對這件事議論紛紛。惠寧小聲的說：「其實在考前幾天，我看見韻惠買了一支魔擦筆，不知道是不是和這件事有關？」

「什麼叫魔擦筆？」明雪不懂。

奇錚嘲笑她說：「唉唷！妳很土耶，這種魔擦筆寫的時候，和普通的原子筆沒兩樣。只是如果寫錯了，只要用筆末端的塑膠摩擦，就可以使筆跡消失，正因為如此，所以通常會注明不適用於考試及簽署任何文件。」

雅薇苦笑著說：「除非是別具用心的人……」

惠寧由書包中拿出一支筆。「我看韻惠在玩，覺得有趣，我也去買了一支。」

明雪接過在白紙上畫一條線，再用筆末端的塑膠摩擦，果然筆跡很快就消失了，而且紙面光滑，並沒有留下磨損的痕跡。她又用普通橡皮擦用力擦拭，發現墨水的顏色變淡，但並無法使筆跡消失。接著她用一般的原子筆在旁邊再畫一條線，這次不論用魔擦筆末端或普通橡皮擦都擦不掉了。

明雪想了一下，說聲：「對不起，我去辦公室一下。」說完拔腿就跑，留下惠寧等人錯愕的望著她奔跑的背影，不知道她葫蘆裡賣的是什麼藥。

明雪氣喘吁吁的跑進辦公室，發現裡面並沒有其他老

師，只有數學老師和韻惠兩人，而且針對有沒有塗改答案，仍然爭論不休。

明雪喘著氣對老師報告說：「老師，我有幾句話要私底下對韻惠說一下，請你把考卷和冰箱也借我一下。」

數學老師懷疑的問：「妳究竟要做什麼？」

明雪說：「老師，請相信我，我想解開這個僵局。」

老師無奈的點點頭。

得到老師的同意後，明雪把韻惠的考卷放進冰箱的冷凍庫裡，並把韻惠拉到辦公室外。韻惠顯得很不高興。「妳為什麼把我的考卷放進冰箱？」

明雪低聲問她說：「說老實話，妳是不是用魔擦筆寫考卷的？」

韻惠愣了一下，但仍堅持說：「胡說！妳有什麼證據？」

明雪連勸了好幾分鐘，見韻惠死不認錯，只好走進辦公室，把考卷由冷凍庫裡取出來，交給韻惠說：「妳自己看。」

　　老師用紅筆圈起來的地方，原本是空白，現在卻浮現出一個淡淡的「2」。

　　韻惠慌了手腳。「為什麼會這樣？」

　　明雪說：「一開始我當然是猜的啦！我聽惠寧說，妳在考前買了魔擦筆。我剛剛試了一下，我覺得魔擦筆的墨水是『熱變色著色劑』。當我們用塑膠摩擦時，因摩擦生熱，使得墨水顏色消失。因為你不肯承認，我只好利用冷凍庫的低溫讓筆跡重新浮現。嗯……如果你有興趣的話，也可以用電熨斗或吹風機加熱一下整張考卷，讓筆跡全部消失，看看應該打幾分？」

　　韻惠臉上一陣青一陣白，喃喃的說：「明雪，妳別害我……」

　　「那妳就快點認錯啊！」這時耳邊突然響起低沉的男聲，把兩人嚇了一跳，回頭一看，原來是化學老師。

　　「妳們忘了第二節是化學課了嗎？我到教室要發考卷，發現妳們兩人都不在，追問之下，同學們才告訴我數學課發生的事。我正要來幫數學老師的忙，沒想到恰巧聽到你們

的對話。沒錯，魔擦筆中的墨水就是『熱變色著色劑』，在65℃以上會變無色，在-20℃時又會變回原來的顏色。韻惠，妳還是自己向數學老師認錯吧！否則除了這張考卷算0分之外，依照校規恐怕還得記過處分。」

韻惠這才痛哭失聲。「我因為不小心多寫一個2，從及格變成不及格，一時著急，才會塗改答案。」

化學老師進一步追問。「妳不是一開始就居心不良？那怎麼會選用魔擦筆作答？」

韻惠搖頭哭著說：「不是，我用魔擦筆作答只是為了答題過程修改答案比較方便而已。」

韻惠終於鼓起勇氣向數學老師認錯，老師也從寬發落，只把她這張考卷依零分計算，當作小小的懲罰而已，沒有送學務處記過。

在回教室的路上，明雪問韻惠：「妳會怪我嗎？」

韻惠搖搖頭。「不會，是我自己一時糊塗，做了不對的事。就算妳不說，化學老師也會揭穿我的，這件事讓我學到一個教訓：若要人不知，除非己莫為。」

 科學 小百科

　　某些物質會因為溫度改變而造成顏色改變，這種現象稱為熱變色。熱變色現象在日常生活中的用途很多，例如嬰兒奶瓶的外壁若能塗上熱變色著色劑，就可以知道會不會太燙，母親可以等瓶子呈現低溫顏色時再餵食，嬰兒就不會燙傷了。

　　最常見的兩種熱變色著色劑是液晶和白色素。

　　液晶的變色溫度精準，但其變色選擇性不多。液晶就是介於液體與晶體之間的狀態，高溫時它的分子排列像液體一樣混亂，在低溫時，又會變得像晶體一樣整齊。溫度不同，造成液晶分子排列情形及分子間距離不同，對特定波長的反射情形也不同，就會呈現不同的顏色。熱變色液晶可應用於心情戒指、電池測電條及體溫貼紙等。液晶的熱變色屬於物理變化。

　　所謂白色素就以兩種型式存在的化合物，其中一種

型式是無色，另一種形式是有色（化學所說有色通常指

彩色）。白色素的變色範圍不精準，但有很多種顏色變

化可供選擇。熱變色著色劑往往是由白色素與顯色劑混

合而成，兩者之間用膠囊隔開。當受熱時，膠囊破裂，

白色素與顯色劑反應，使白色素改變顏色。白色素的熱

變色屬於化學變化。

「啡」法藥物

今年春假，明雪一家人到五峰鄉山區度假。那是一間開在山頂的森林農場，同時兼營餐廳與民宿。由於風景優美，加上又近登山口，所以雖然山路極為崎嶇，卻仍然人滿為患，一房難求。

爸爸開了將近一個半小時的山路，才到達目的地，眼見滿山的八重櫻，地面綠草如茵，加上遠處峰頂的山嵐，真是美極了。

他們辦好住房手續，把行李搬進房間後，就到後面的森林步道走走。

第二天早上六點多，爸媽就一直催促兩個小孩快點起床盥洗。可是明安爬不起來，一直拖拖拉拉，直到六點半才睡眼惺忪的走出民宿大門。

　　戶外已經相當明亮，可是太陽尚未露臉。冷風一吹，有幾分寒意。

　　明安這下清醒了。「好冷，我要回房去拿衣服。」

　　爸爸說：「來不及了，太陽再幾分鐘就要出來。沒關係，開始走山路，你就會覺得熱了。」

　　一家人由後面山坡爬到高處，當地早有一排大砲型照相機在等候獵取美麗的鏡頭。就在他們抵達坡頂的同時，一道耀眼的金光由對面山頭射出。大家驚呼一聲：「太陽出來了！」

　　明雪慶幸的說：「還好我們趕上了，要是錯過這麼美的畫面就太可惜了！」

　　這時候，媽媽發現明安早已凍得嘴脣發紫，身體也不斷發抖，急忙問他：「你怎麼啦？太冷嗎？」

　　明安點點頭，媽媽急忙帶他回到民宿穿衣服。

　　早餐後，他們又到後山森林中觀賞神木，直到約十點鐘左右，才整裝下山。

　　由於是原路下山，山路依然蜿蜒曲折，驚險萬分。爸爸

不像昨天那麼緊張了，反而一邊聽著音樂，一邊開車。可是
明安在車上開始咳嗽，坐在他旁邊的明雪用手探了探他的額
頭，覺得滿燙的。「媽，弟弟好像在發燒。」

「糟糕！大概感冒了。」媽媽擔心的說。

爸爸皺著眉說：「山區要找診所不容易呀！等一下路邊
如果有藥房就先買個藥讓他吃。等回家再找熟識的醫生看診
吧！」

不過山區裡連藥房都沒有，一直開到竹東鎮上才看到藥
房，爸爸把車停在路邊，進到藥房買藥，明雪也跟了過去，
媽媽則換到後座照顧明安。

雖然已接近中午，但小鎮的藥房顯然生意很冷清，店裡
沒有點燈，一片漆黑。裡面走出一名穿藥師袍的中年男子。

爸爸向藥師說：「我要買能止
咳退燒的感冒糖漿！」

藥師拿了五、六種藥擺在玻璃
櫥櫃上。「這些都是感冒糖漿，你
要哪一種？」

爸爸說：「我不要含可待因的。」

藥師笑了笑說：「現在市售的感冒藥其實已經都不用可待因了！」

於是爸爸放心的由玻璃櫥櫃上挑了一瓶感冒糖漿，並付了錢。在等待找錢時，明雪問爸爸說：「為什麼你特別指明要不含可待因的藥呢？」

「可待因可用於止痛、止咳，治療拉肚子、高血壓及心肌衰竭，抗焦慮，也可以當鎮定劑、安眠藥……」

「哇！有這麼好用的藥，為什麼不用？」明雪驚訝的說。

藥師把該找的零錢遞給爸爸，並插嘴說：「妳知道嗎？可待因又叫『3-甲基嗎啡』，是一種天然存在於鴉片中的成分。」

「嗎啡？鴉片？這些不都是毒品嗎？」明雪一聽到這些名詞立刻神經緊繃。

「是呀！雖然可待因的成癮性在鴉片藥中算是較低的，但人體內經新陳代謝仍會產生一定量的嗎啡，所以你爸爸才

會有所顧慮。從前的確有些感冒藥含可待因，但後來衛生署將可待因列為管制藥品，現在只要是國內合法藥廠製成的產品都不含可待因了，不必擔心！」

這時候藥房門口傳來「碰」一聲巨響，似乎是車輛撞擊的聲音，明雪和爸爸對望了一眼，急忙拔腿跑出藥房外觀看，只見一輛白色貨車絕塵而去。

兩人跑到自家休旅車旁，問坐在車裡的媽媽和明安：「是被那輛貨車撞了嗎？人有沒有受傷？」

媽媽驚魂未定的說：「人沒怎樣，不過後面被撞了一下。」

爸爸到車子後面一瞧，只見車尾凹了一塊。

爸爸憤怒的說：「可惡，撞了我的車，還加速逃逸。」

明安本來人就不舒服，這下臉色更蒼白，咳得更厲害了。爸爸和明雪分別打開車門，坐進正副駕駛的位置。明雪把感冒糖漿遞給明安。「弟，先吃藥啦，看看人會不會舒服一點。」

接著她轉頭對爸爸說：「我剛才有記下貨車的牌照號

碼，我們可以到附近派出所報案。」

爸爸一聽，非常開心，馬上撥打手機報案，然後靜候警察前來。

等候的時間裡，明雪有一大堆問題要問。「爸，剛才聽你和藥師的說明，我才知道原來可待因是一種介於藥物與毒品之間的化合物，不知道還有沒有這一類的物質？」

爸爸說：「其實幾乎所有的毒品一開始都是藥物。人類從新石器時代就開始種植罌粟，作為食物及麻醉藥。將罌粟的乳汁乾燥後，可提煉出鴉片。蘇美人、亞述人及埃及人都廣泛使用鴉片作為止痛藥，讓外科手術能順利進行。鴉片裡含有12％的嗎啡，嗎啡又經常被製成另一種非法的藥物──海洛因。」

明雪恍然大悟。「原來這些毒品，是一系列相關的化合物啊！」

「不但如此，由鴉片演變到嗎啡、海洛因，毒性愈來愈強。但人類一開始並沒有察覺這些藥物帶來的害處，反而認為使用這些藥物可以帶來靈感，例如小說中描述的名偵探福

爾摩斯就有施打嗎啡及古柯鹼的習慣。」

　　「啊？福爾摩斯是個毒蟲？」明雪頓時感到偶像幻滅。

　　爸爸笑著說：「別太難過，小說設定的年代是在十九世紀下半葉，那時候施打嗎啡及古柯鹼尚未被判定為非法。嗎啡可以止痛，但可惜很容易使人上癮。為了製造出效果較好，毒性較小的止痛藥，在1898年，德國一家染料工廠，用嗎啡和乙酐反應，做出了二乙醯嗎啡和醋酸。在20世紀初，人們很快就發現這種二乙醯嗎啡作為麻醉劑和鎮咳的效果，比嗎啡還要好，就以海洛因作為它的商標名稱，上市販售。當時很多醫生大力推薦這種新藥，可惜最後發現海洛因的成癮性竟然比嗎啡強，以致於許多國家都將持有、製造及運送此種藥物列為非法行為。」

　　這時候調查車禍的警察已經到了，是一對俊男美女。其中女警員負責拍照及丈量車禍現場，另一名男警員則找爸爸問話。

　　過了幾分鐘後，女警員完成丈量，對爸爸說：「這段道路沒有繪製紅線或黃線，你們可以停車，而且停車位置也沒

有跨越中線。因此發生事故的責任在對方。」

　　男警員說：「我剛才用電腦查你們記下的車號，查出車主住在峨眉鄉，離這裡不太遠。這件車禍沒有人員受傷，主要是財務賠償的問題，我們可訂一個時間通知你們雙方來警局談判賠償事宜。」

　　爸爸聽到還要跑這麼遠來談判，不禁有點猶豫。「為了小小的擦撞，我們還要跑到竹東來談判啊？要是一次談不成，豈不是要來回好幾次？你可不可以把對方住址給我？反正峨眉鄉離這裡不遠，我今天就去談，如果談不成，再進行法律訴訟。」

　　男警員想了想。「乾脆這樣好了，我們現在要去通知對方他肇事逃逸的事已被告發，不如你們的車就跟在後面一起去，有話當面說清楚，如果能早早把案子做個了結最好。」

　　爸爸也覺得這樣最好，於是跟在警車後面開，大約走了十公里左右，就到達美麗的峨眉湖。湖面開闊，上面漂浮著一些紫色的布袋蓮，風景真是優美。警車在離湖不遠的一間別墅前停了下來，爸爸也把車停在警車後面。別墅的造型非

常漂亮，由一高一矮兩棟建築構成，門前還有水池，高的那棟有玻璃帷幕，矮的那棟卻連窗戶也沒有，但奇怪的是別墅裡竟然傳來陣陣刺鼻的酸味。透過鐵欄杆可以見到一輛白色貨車停在矮建築前面，而且牌照號碼正好符合明雪記下的車號。

明雪高興的大喊：「逮到了。」

兩名警員下了車後，打個手勢要明雪一家人留在車上，便走到大門前按門鈴。玻璃帷幕後面閃過幾個人影，向下張望後，緊張討論了一陣了，幾分鐘後才有一個骨瘦如柴的人前來開門。他很快走出門口，並迅速把門關上。

瘦子在和警察講話時，媽媽問：「什麼東西會發出這麼刺鼻的酸味啊？」

爸爸說：「我覺得這是醋酸的味道，實驗室的冰醋酸就是這個味道。」

「醋酸？可是醋不會那麼刺鼻呀！」媽媽又說。

明雪解釋說：「雖然醋酸是醋裡的主要成分，但因為我們吃的醋裡面大約只含3～5%的醋酸，所以不會像冰醋酸那

麼刺鼻。」

　　瘦子跟警察說了幾句話後，就直接走到爸爸的汽車前，隔著窗子對爸爸說：「先生，對不起，是我的司機阿龍撞到你的車啦！他一時驚慌就跑了，回來有向我報告，已經被我罵了一頓。你的損失我賠你！要多少錢？」

　　爸爸打開車門，下車對他說：「我也不知道要多少，這樣好了，我們先簽個和解書，到時候車廠的估價單出來，我再通知你付錢就好了。」

　　瘦子皺著眉說：「這樣麻煩啦！我給你二十萬，夠不夠？」說著就掏出一疊鈔票遞給爸爸。

　　爸爸有點不知所措。「應該不必這麼多……」

　　對方卻硬把錢塞進爸爸手裡。「沒關係啦！反正錯在我們，這樣一次解決比較簡單啦！」說完又對兩位警員說：「這樣沒事了吧？」說完走進別墅，把門關上。

　　女警員笑著對爸爸說：「想不到對方這麼乾脆！你們也不用擔心要再跑一趟了。」說完揮揮手，兩名警員就要走回車上。

　　明雪急忙下車，叫住兩名警察。「請問一下，這裡是工廠嗎？」

　　男警員仔細觀察了一下這兩棟建築。「應該不是吧！看來是有錢人的別墅，從剛才他出手那麼爽快，就知道真的是有錢人。」

　　女警員問：「小姐，妳為什麼這麼問？」

　　明雪有條不紊的說出自己的推理。「首先，有錢人的別墅為什麼會飄出刺鼻的酸味？為什麼別墅裡的司機不是開轎車，而是開貨車？小擦撞為什麼不敢面對，要逃跑？等到被發現了，又急著給錢，有點太爽快，感覺似乎怕我們停留在這裡太久會發現什麼內幕似的。」

　　男警員想了想說：「有道理，不過這裡不是我們的轄區，我們要回去調資料出來查一下，如果有必要再申請搜索令。假如這棟別墅真的是地下工廠，就可能涉及逃漏稅及環境汙染等問題。」

　　明雪遲疑了一下，才說：「請仔細調查，而且要小心，萬一不只是地下工廠……」

女警員問：「妳到底在懷疑什麼呢？」

「也沒什麼，只是剛才和我爸聊天，提到由嗎啡製造海洛因的過程，會產生醋酸。又恰好聞到這間別墅傳出醋酸的味道，才會產生聯想，懷疑這棟別墅會不會是製造海洛因的工廠，只是猜測，我沒有進一步的證據啦！」

男警員說：「嗯，是有這種可能，據我所知，為了追查海洛因工廠，法國警方還特別訓練一批警犬，專門嗅聞醋酸味。總之，謝謝妳的細心提醒，我們會調查這棟別墅的疑點。」

返家之後，明安的感冒在兩三天之後就好了。爸爸的車做了鈑金和烤漆，只花了六萬多元。

這天晚上，一家人正在討論要不要把多餘的錢還回去。突然電視新聞報導了一則消息：「峨眉鄉破獲海洛因工廠」，畫面上正是那棟美麗的別墅。

爸爸感慨的說：「做壞事的人，處處躲躲藏藏。躲到鄉下開非法的毒品工廠，可是法網恢恢，疏而不漏，就憑一點刺鼻酸味，就讓我們家的小偵探揭穿了。」

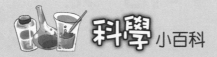 科學小百科

　　乙酸在常溫下是一種有強烈刺激性酸味的無色液體，也是食用醋中酸味及刺激性氣味的來源。乙酸的熔點為16.5℃，沸點118.1℃，純的乙酸在低於熔點時會凍結成冰狀晶體，所以無水乙酸又稱為冰醋酸。

　　乙酸是製備很多化合物所需要使用的基本化學試劑，用途相當廣泛，其中包含電影膠片，另外冰醋酸會使用在染布的工作上。在食品工業方面，乙酸是一種酸度調節劑。雖然乙酸的沸點很高，不過高濃度的乙酸在溫度到達39℃時，極有可能混合空氣導致爆炸，因此要小心使用。

誰來「砷」冤

　　班長黃惠寧家裡最近新買了一套卡拉OK設備，她邀請全班去她們家歡唱。身為她的死黨之一，明雪當然一定要參加囉。

　　明雪喜歡唱歌，但其實不太喜歡在眾人面前唱歌，她覺得唱歌是為了讓自己心情快樂而唱，為什麼要當著大家的面唱？尤其是拿著麥克風唱更不自然。

　　所以她只顧著吃，除了惠寧的父母準備的點心之外，許多來唱歌的同學也都帶了一些零嘴，可以讓她大快朵頤。幸好機器一打開，就有一堆人搶麥克風，根本沒有人注意到她有沒有唱。

　　惠寧養的小狗阿肥是一隻博美犬，除了嘴部附近是白色的毛之外，身體其他部位都呈淺棕色，毛茸茸，胖嘟嘟（阿肥這個名字可不是亂叫的），十分可愛。阿肥對唱歌的那些人沒什麼興趣，倒是對明雪手上的食物很感興趣，一直歪著頭對著明雪瞧，最後明雪受不了牠可愛的模樣，只好把食物分給牠，並一把抱起牠。

　　當雅薇正唱起劉若英的〈Can't Stop〉時，卡拉OK突然沒聲音，電視畫面也消失。

　　眾人驚呼：「怎麼回事？」

　　「雅薇，妳唱歌太大聲了，把麥克風燒掉了啦！」

　　「胡說！」

　　明雪放下阿肥，問惠寧說：「家裡有三用電表及螺絲起子嗎？」

　　「有。」惠寧立刻從櫃子裡拿出工具箱交給明雪。

　　「這個交給明雪就好，該我們去吃東西了吧！」眾人一看明雪準備動手檢修，笑著說：「我們本來還說明雪又不唱歌，來這裡做什麼，原來她就是為了幫我們修理電器。」

　　明雪不理會眾人的戲謔，先把音響及電視的插頭拔起，用電表量插座的電壓，發現是零。她只好進一步把整個插座上面的蓋板掀起來。一看之下，真令她頭皮發麻，不禁發出一聲尖叫。因為裡面布滿了竄動的白蟻，而且插座底下的木材全被蛀光，插座下陷，導致電線脫落，所以音響與電視才會停擺。

　　其他人聽到明雪的尖叫聲，也跑過來看，瞧見白蟻亂竄的景象，嘴裡有食物的人差點吐出來。

　　明雪用三角鉗夾住電線，小心翼翼的把鬆脫的電線插回插座孔中，並把插座恢復原狀。插上插頭之後，各個電器又恢復運作。

　　惠寧招呼大家：「謝謝明雪，我們大家再來唱吧！」

　　可是雅薇臉色蒼白的說：「對不起，我一想到電視下面有那麼多白蟻亂竄，就沒有心情唱下去了。」

　　其他人也都失了興致，東西也不吃，過不久，一個一個告辭走了。

　　明雪尷尬的說：「對不起，我不應該尖叫，引得大家看

到那些白蟻。不過你們家的白蟻問題要快點處理，下次如果別處也發生這種電線鬆脫的現象，難保不會發生短路，引發電線走火。」

惠寧拍拍明雪的肩膀說：「怎麼會是妳的錯呢？妳那麼熱心主動修好電線鬆脫的問題，又發現白蟻窩的位置，我感謝都來不及了。」

惠寧急著打電話叫她爸回來處理白蟻窩，明雪最後再抱抱阿肥後，也告辭離開。

🕷️　　　🕷️　　　🕷️

星期一上學時，大家見到惠寧不免又問起白蟻的問題處理了沒。

惠寧說：「當然非盡快處理不可，今天會有專門清除白蟻的公司到家裡除蟲。」

大夥看惠寧的表情，似乎不想討論這個話題，就不敢再問下去。

　　誰知星期二一大早，當明雪準備要上學時，卻突然接到惠寧的電話，她哭著說阿肥突然暴斃，爸媽交代她今天要處理阿肥的遺體，無法去上課，拜託明雪幫她請假。

　　明雪嚇了一跳，她深知惠寧非常疼阿肥，這件事對她一定是非常重大的打擊，所以她在上學途中，改道趕到惠寧家安慰她。

　　「告訴我怎麼回事？」明雪摟著惠寧的肩膀問。

　　「我昨天放學時，就發現阿肥不停嘔吐、拉肚子，而且非常疲倦的樣子，趕緊把牠送到獸醫院，醫師認為是吃到不新鮮的食物，所以開了一些胃腸藥給牠吃，誰知今天早上我起床時，卻發現阿肥已經死了。」

　　明雪心中立刻浮現許多疑問，是獸醫師開的藥有問題嗎？但是她又想到惠寧家昨天剛好進行清除白蟻的工程，會不會是阿肥誤食了殺白蟻的藥呢？

　　她立刻撥了手機給鑑識專家張倩，告訴她整個情況。

　　張倩顯然是由床上爬起來聽電話的，但仍然耐心的為她解說。「無論是獸醫師的誤診，或是噴灑白蟻藥不慎造成寵

物狗死亡，我們警方都不會插手，也不可能動用警方的鑑識器材去檢驗狗的死因。寵物死亡不是刑事案件，而是民事賠償案件，還是請妳同學準備好證據，再到法院控告，由法官判定對方是否有過失，如果有過失，就可以請求賠償。」

明雪急忙說：「我知道，我不敢要求警方調查。只是我們現在漫無頭緒，要告也不知道要告誰，所以想請教阿姨，小狗這種突然暴斃的情形，可能是什麼原因造成的？」

張倩想了一下之後說：「依妳的描述，黃家昨天剛請人噴灑白蟻藥，當天晚上狗兒就中毒，我想有可能是廠商使用的藥物有毒，而且很可能是三氧化二砷。」

明雪嚇了一跳：「那不是砒霜嗎？」

「沒錯，砒霜是有名的毒藥，常作為殺蟲劑，急性砒霜中毒的人，症狀很像腸胃疾病，會嘔吐、腹痛及拉肚子等，醫生很容易誤判，雖然我不太懂動物的病理，不過妳同學那隻狗的中毒症狀與人類砒霜中毒的情況非常類似。」

掛斷電話後，明雪心中已經有了譜，但是張倩已經講明警方實驗室不能借用，要怎麼證明白蟻藥有毒呢？

「明雪，妳上學快遲到了啦！別忘了，還要到學校去幫我請假呢！」惠寧催促著明雪。

「等一下，妳拿一個乾淨的塑膠袋給我。」

「怎麼啦？」

「我要蒐證，我想在白蟻窩附近採集一些殘餘的粉末，到學校請化學老師教我檢驗砒霜的方法？」

「砒霜？可是廠商的宣傳單上說他們使用的藥劑是天然無毒的啊！所以我們才會打電話找他們」

明雪只能說：「只是猜測，但我會想辦法找出證據。」

她使用工具打開電視機後面的插座面板，已經看不到白蟻亂竄的情形，蛀蝕的木頭縫隙間有一坨一坨的白粉，死掉的蟻屍仍留在那裡。她覺得這家廠商做事太粗糙，大概沒想到還會有人打開來看，所以直接蓋上了事。明雪迅速採集了一些白色粉末，裝進塑膠袋裡，離開前，她對惠寧說：「妳等我電話，再決定怎麼處理。」

她快步跑到學校，早自習已經結束，她直接到辦公室幫惠寧向導師請假，並把事情的來龍去脈說了一遍。

　　導師說：「第一堂課就是化學課，快上課了，妳快去吧。砒霜是有毒的東西，一定要有老師在一旁指導才可以進行實驗喔。」

　　明雪急忙趕到實驗室，班上同學早已準備要開始做實驗。明雪氣喘吁吁的衝進實驗室，開口就要求老師教她化驗砒霜的方法。

　　老師聽完她的陳述之後，對全班同學說：「我們高中的實驗室沒有什麼昂貴的儀器，不過我們倒是可以把十九世紀的一種老方法拿來使用一下，當時也沒有什麼精密的儀器可用。這種方法是由一位名叫馬西的英國化學家發明的，所需藥品及儀器很簡單，使用現在桌上現成的器材就夠了，你們想不想學？」

　　大家都說好，因為這種臨時加進來的實驗，總是比課本的實驗精采多了。

　　老師一邊準備實驗，一邊說起故事。「在1832年時，有一名罪犯名叫約翰・波多，因為涉嫌在祖父的咖啡裡加入砷而被起訴。當時馬西在皇家兵工廠任職，受檢方徵召，要

檢驗證物是否含砷。馬西採用舊的檢驗方法，把砷變成三硫化砷黃色沉澱，這種沉澱物俗名叫雄黃。馬西檢查結果，果然出現黃色沉澱，證明含砷，但是卻無法長久保存，到了法庭上要呈給陪審團看時，黃色沉澱已經消失，變成無色溶液。陪審團因為沒看到黃色沉澱，不採信他的檢驗結果，波多被無罪釋放。事後波多承認他的確謀殺了祖父，令馬西既憤怒又挫折，決定研究出更好的檢驗方法，我現在就依照他發明的方法做給你們看。」

老師先在錐形瓶中置入鋅和稀硫酸，立刻冒出氣泡。

老師問：「你們知道這是什麼氣體嗎？」

全班大聲回答：「氫氣。」

老師點頭表示讚許，再把明雪採到的樣本放進去，然後迅速用一個附有玻璃管的活塞蓋住錐形瓶口，瓶底用酒精燈加熱，請明雪用手搧玻璃管口的氣體來聞。

明雪皺著眉頭說：「有大蒜味。」

老師點頭說：「這樣就可以證明你的採樣中含砷了，因為這是砒霜中的砷與氫氣反應產生胂氣，化學式是

AsH_3。」

接著老師用火點燃玻璃管口的氣體，然後拿瓷製蒸發皿的底部放在火焰上方，不久之後，白色蒸發皿上就出現少量銀黑色的沉積。

老師說：「胂氣在空氣中燃燒時，產生砷和水，這些沉積就是砷，不會輕易消失，比較能夠說服陪審團。這個試驗法稱為馬西試砷法，對偵測砷十分靈敏，可以測到0.02毫克的砷。」

老師雖然邊解說邊操作，但整個實驗過程不到幾分鐘就完成了，同學不禁鼓掌叫好。

明雪很高興。「有了這個方法之後，用砒霜下毒的歹徒應該很快就能查出來了。」

「沒錯，馬西試砷法提出後，第一次在刑案偵辦上大顯身手是在1840年的法國拉法基案。拉法基是鑄造廠的老闆，但為人粗魯，居所骯髒不堪，他疑似被妻子瑪麗毒害。證據看來很齊全，拉法基吃了瑪麗做的蛋糕後立即感到不舒服，醫生誤判為霍亂，並開了蛋酒作為藥方。瑪麗為了殺死

家中的老鼠，曾到藥房買砒霜。女僕也作證說，親眼目睹瑪麗把白色粉末混入他吃的蛋酒裡。經專家以正確方法進行馬西試砷法的結果，發現在蛋酒及死者體內都含有砷，所以瑪麗被判有罪，並判處終身監禁。這個案子爭議頗多，曾寫成小說，並拍成電影。自從馬西試砷法證實有效之後，用砷作為毒藥的謀殺案明顯減少，因為壞人知道下毒的方法會被查出來，就不敢再用這個方法害人了。」

　　明雪很振奮，她覺得這就是人生努力的目標，不斷想出破解犯罪的方法，使歹徒不敢再害人。

　　「好了，今天的演示實驗結束，各組開始進行原定的實驗課程。」老師大聲宣布。

　　明雪急忙跑到實驗室外，用手機打給惠寧。「我們已經證明由妳家採集的白蟻藥是砒霜，不是廠商宣稱的天然無毒藥劑。阿肥一定是不小心舔到白蟻藥而中毒，妳現在可以把阿肥的遺體送請獸醫院解剖，把牠的胃液送去化驗，一定可以驗出有砷。」

　　惠寧聽完之後，既驚恐又憤怒。「可惡！廠商以不實宣

傳，讓我們疏於防備，導致阿肥中毒而死。我要請我爸控告他們，求取賠償。否則這種惡劣廠商繼續營業下去，將來不知道會害死哪一家的小孩。」

 **科學**小百科

三氧化砷（As_2O_3），俗稱「砒霜」，因為沒有氣味，又容易與食物和飲料混合，是最常被使用的毒藥之一，中毒症狀也很容易與霍亂混淆。在馬西發明此一試驗法之前，警方無法由中毒者身上追查此一毒藥。

謝累最早在1775年想出檢驗砷的方法，他把砒霜加入很稀的酸後，再和鋅混合，產生有大蒜味的胂氣（AsH_3）。由反應式中可看出鋅是還原劑，而砒霜是氧化劑。

$$As_2O_{3\,(s)}+6Zn_{(s)}+12H^+_{(aq)} \rightarrow 2AsH_{3(g)}+6Zn^{2+}_{(aq)}+3H_2O_{(l)}$$

馬西改進了這個方法，利用胂氣燃燒產生砷，在瓷碗（蒸發皿是瓷製，形狀像碗的實驗器材）上產生沉積，而且還可以由沉積斑點大小推斷砷的量。

砷不是只能當毒藥唷！它可以當木材防腐劑、殺蟲劑，現代人還發現它可以治療白血病。

「藍」腰撞上

　　媽媽的朋友莊阿姨預定今天要到家裡來拜訪，原本說好來吃中飯的，媽媽也煮了一桌豐盛的料理，預備要好好款待她。十二點十分就聽到門鈴聲，莊阿姨到了。她氣喘吁吁的走上樓來，劈頭第一句竟然是說：「剛剛在路上出了車禍，幸好對方很爽快的認了錯，沒有耽擱很多時間。」

　　媽媽一聽出車禍，急著問她：「車禍嚴重嗎？人有沒有受傷？」

　　她說：「不要緊啦，就是車子的安全桿被撞壞而已。有留下對方的電話和住址啦！到時候修理費找他要就好了。」

　　爸爸見媽媽還想追問細節，急忙插嘴說：「人沒受傷就好，先吃飯吧！飯後再好好聊。妳看明安口水都快流出來了。」

　　明安有點不好意思的說：「不能怪我呀！媽媽今天煮了好多平常沒吃過的菜，每一道看起來都好好吃喔！」

　　媽媽說：「莊阿姨才是烹飪高手呢！我的手藝哪能和她比，只好拿出看家本領，免得見笑了。」

　　莊阿姨笑著說：「老同學了，幹麼開我玩笑？今天是來聊天的，不是來為美食比賽評分的。」

　　眾人邊吃邊聊，享受了溫馨又美味的一餐。飯後泡了茶，大家在客廳聊天，媽媽又問起車禍的經過。

　　莊阿姨說：「唉呀！最近不是有一條高架道路剛通車嗎？我心裡想，去走新路線看看，結果是有縮短一些路程啦，可是下引道的時候，卻發現是個陌生的路段，一時之間也不知道該直走還是右轉，而且燈號又開始由綠燈轉為黃燈，我只好把車停下來。可是後面有一輛藍色轎車冒冒失失從我右邊車道超車，打算左轉，他為了搶在燈號變色之前通過，所以車速很快，又是急轉彎，角度沒抓好，他的車門就擦撞到我的保險桿。」

　　媽媽說：「好可怕。」

「是啊！」莊阿姨說：「我當時腦筋一片空白，不知該
怎麼辦。後來回過神來，趕緊打開車門，下車查看。結果發
現我的保險桿斷了，但是對方更慘，他的車門凹了一塊。」

爸爸皺著眉問：「你們當場有打電話報警嗎？」

「沒有啦，他說他損失比我大，可是我說我的車子已經
完全靜止，是他撞我。他大概自知理虧，一直說他趕時間，
要求不要報警，他願意提供電話和住址，將來把修保險桿的
帳單寄給他，由他來付就好了。說完就劈里啪啦念了一長
串，我趕緊跑回車上，把他說的電話和住址都記下來。記完
之後，抬頭一看，他早已把車開走。大概真的很趕時間。」

明雪急著問：「阿姨，妳有抄下對方的車牌號碼嗎？」

「沒有呀，我下車查看時，他的車正好斜在我車子的右
前方，沒看到車牌，他又趁我低頭寫字時，把車開走，我從
頭到尾都沒看到車牌。」

明安問：「那妳知道他的車子是什麼廠牌，什麼車款
嗎？」

莊阿姨笑著說：「我知道你是汽車迷，一眼就能認出汽

車的廠牌車款，我可沒辦法，除了自己開的那一款之外，其他的我都不熟。」

　　媽媽問：「妳車上有沒有接行車紀錄器？如果有的話，把檔案取出來看，應該會拍到。」

　　「唉呀，我沒有那麼新潮啦，我車上沒有裝那些電子設備。」

　　爸爸終於說出大家心中的疑慮。「妳難道不怕他給妳假的電話和住址嗎？」

　　「不會吧！他念出這一連串電話和住址時，口氣很順，不像是捏造的。」

　　莊阿姨這時候開始擔心起來，於是拿起手機撥打抄下來的號碼，幾秒鐘後她頹然的掛掉。「唉，是空號。沒想到真的被你們說中了。」

　　「電話是假的，至少還有住址，我看看！」爸爸接過阿姨手上的紙條。「這個住址離這裡不遠，我們陪你去看看。」

　　明雪和明安兩個齊聲要求。「我們也要去。」

「好吧！那全都擠莊阿姨的車，剛剛好五個人。」

「等一下，我準備一下。」明雪突然往房裡跑。

莊阿姨笑著說：「明雪現在是大小姐了，出門要先打扮嗎？」

媽媽說：「別理她，我們先下樓。」

於是他們一起下樓，阿姨的車就停在路邊的停車格裡，車子的右前方保險桿果然被撞到折斷，有個很大的裂縫。

這時明雪已經跟上，她蹲在保險桿前仔細觀察。「嗯，這裡沾上一點藍色的碎屑，應該是對方車子的漆。」說著她拿出一支棉花棒在上面摩擦了幾下，然後放入一個乾淨的塑膠袋裡。

莊阿姨驚訝的說：「啊？原來妳剛才是去準備這些採證的器材呀！我還以為妳是在打扮呢！」

明雪笑著說：「才不是，這些採證的方法是鑑識專家張倩阿姨教我的。她說任何兩樣物體只要有接觸，就一定會

交換微細的證物。莊阿姨剛才沒有立即報警，我現在如果沒有立即採證，在風吹日晒之下，這些寶貴的證物可能就會消失，所以我要趕緊採證。」

媽媽苦笑著向阿姨解釋他們家這兩個小孩都對偵探工作很有興趣。

莊阿姨以鼓勵的口氣說：「很好呀！看看能不能幫阿姨找出肇事逃逸的人。」

他們找到紙條上的住址，是一間大廈。他們進到管理室向總幹事說明事發經過，想找住這間大廈開藍色轎車的人。

總幹事攤開地下停車場的登記簿。「沒有，目前本大廈住戶沒有一位開藍色轎車。」

雖然早有預感，既然電話號碼是假的，住址應該也不會是真的。但跑了一趟卻毫無所獲，五個人只能垂頭喪氣的離開大廈。反到是莊阿姨笑著安慰大家。「又不是什麼大不了的事，只是損失保險桿，算我粗心，當初沒抄車號，自認倒楣好了。」

爸爸說：「花錢事小，可是這種肇事逃逸的人如果得

逞，他將來可能還是會如法炮製，只是不知道下次誰會是受害者。我覺得妳不要放棄，應該到案發地點向警局報案，說不定有路口監視器有拍到案發經過。」

明雪向爸媽說：「你們陪莊阿姨去好了，我要把這支棉花棒送到張倩阿姨那裡，請她化驗，看看能不能找出有用的線索。」

莊阿姨說：「不用陪了，我自己去報案就好。兩個小偵探如果有任何消息再通知我。」

張倩聽完明雪的描述後，接過塑膠袋，仔細觀察了裡面的棉花棒後說：「我可以幫妳進行光譜分析，但是只能知道漆裡面的成分，不一定能幫你們找到車子的主人。」

明雪深深一鞠躬。「感謝阿姨幫忙，有結果請通知我。」

姊弟兩人回到家時，莊阿姨已打過電話向媽媽描述報案

的經過。當地警察雖然受理報案，但是表明該高架路段才剛通車，還沒有裝設路口監視器，加上電話住址都是假的，想找到肇事的人，可能不容易。

這時明雪的手機響起，是張倩打來的。「妳送來的漆已經化驗出來。」

明雪嚇了一跳。「這麼快？」

「現在的光譜儀，只要幾分鐘就可以完成分析了。」張倩說。

「結果如何？」

「裡面的藍色物質主要是普魯士藍，由汽車的漆裡，只能獲得這些訊息了。」

明雪雖然有點失望，但仍然沒有忘記禮貌。「謝謝阿姨。」

結束通話後，明安立即追問分析結果，但是他對明雪所說的名詞完全聽不懂。「什麼叫普魯士藍啊？」

明雪努力想對他解釋其中的化學成分，但明安愈聽愈不懂。爸爸在旁邊看了，覺得好笑，插嘴說：「妳告訴他化學

式做什麼？明安，那是一種常見的藍色色素，可以用在油漆、水彩中，也可以製成靛青漂白劑。」

「什麼是靛青漂白劑？」

「這個我知道，衣服穿久了會變黃，給人一種骯髒的感覺。如果在漂白劑裡加一點藍色的色素，就可以吸收可見光的黃色光，讓衣服不再呈現黃色，看起來比較潔白。」明雪說：「可惜，這些對破案都沒有幫助。」

一聽沒什麼線索，明安便失去了興趣，返回房間打開電腦。明雪也意興闌珊的回到房間裡準備寫功課。

不久之後，明安卻興匆匆的跑來找她。「姊，案情說不定能突破喔！我剛剛上網查了，使用普魯士藍作為烤漆的汽車，只有三種廠牌中的五種車款。」

「是嗎？那範圍就縮小很多了。」明雪也大感振奮。

「我在網路上找到這些車款的彩色照片，我們傳給莊阿姨指認到底是哪一種車款撞到她的車。」

「但是阿姨的手機能收圖片嗎？」明雪感到懷疑。「我們去問媽媽。」

　　媽媽聽到他們的疑問後說：「沒問題，剛才她拿出手機撥打時，我有注意到是智慧型手機，她曾說過是她兒子買給她的。」

　　於是經由媽媽聯絡，把五種車款的彩色照片傳到莊阿姨的手機裡，阿姨很快就認出是K牌1996年出廠的車款撞到她。

　　「現在已經知道車子的廠牌和款式了，接下來呢？」明安問。

　　明雪沉思了一會兒後說：「我們還是回到那一棟大廈問問看。」

　　「可是總幹事已經說他們的住戶沒有人開藍色的車了。」明安不以為然。

　　明雪說：「因為阿姨說，那個人劈里啪啦一口氣就能說出那個地址，可見他應該和那個地方有關係，只不過不是現在的住戶而已。現在我們已經找出了車子的廠牌和款式，說不定能讓總幹事想起什麼。」

　　「好吧，只好死馬當活馬醫。」明安無奈的說。

於是兩人又再度回到那棟大廈，總幹事顯然有點不耐煩。「不是告訴過你們，我們的住戶沒有人開藍色轎車嗎？」

明雪耐心的拿出莊阿姨指認的車款照片。「對不起，請您再想想看，有沒有經常出入這棟大廈的人開這一型的車？」

總幹事仔細的看了照片後，好像想起什麼。「這種車喔？我好像有印象，你們等我一下。」

總幹事從鐵櫃裡拿出一疊資料，仔細翻閱後，指著其中一筆資料。「有了，曾有一位住戶，是個租房子的房客，名叫張建潤，他就開這一型的車，當時也停在我們的地下停車場，車牌號碼還記錄在這裡。因為經常在喝酒之後與其他住戶發生衝突，搞得社區雞犬不寧，最後只好拜託房東不要和他續約，大約半年前才把他趕走的。當時他搬走時，還揚言要找我們報復，所以我還有印象。這種人到處惹禍，真該讓他接受懲罰。」

明雪和明安抄下姓名和車牌號碼後，急忙用手機通知莊

阿姨。「阿姨，肇事者的姓名和車牌號碼，我們都查出來了，您快點到原來報案的派出所去，把新查出來的資料告訴他們。」

姊弟兩人走路回到家中時，媽媽已經知道他們破案的消息。「莊阿姨打電話來，對你們兩位小偵探稱讚不已。她說，警察照她提供的資料輸入電腦裡面一查，不但查出張建潤現在的住址，也發現原來這個人有多次酒醉駕車的紀錄，他們懷疑他今天是不是也因酒醉駕車，才會撞到莊阿姨的車。警察現在已經趕過去，想測他的酒精濃度，雖然隔了好幾個小時，不一定能測出來，不過莊阿姨的車禍損失絕對不會找不到人賠了。」

明安聽到被阿姨稱讚是小偵探，十分高興。「我平常研究汽車廠牌和車款，你們都罵我無聊，現在知道有用了吧！」

明雪點點頭，肯定弟弟的表現。「嗯，這次連我都放棄希望了，沒想到弟弟從漆的成分就能找出肇事車的車款。偵探工作真是不能忽略任何蛛絲馬跡所提供的線索啊！」

科學 小百科

　　普魯士藍是一種深藍色的色素，化學式為 $Fe_4[Fe(CN)_6]_3$。普魯士藍是人類使用最早的合成色素之一，本身難溶於水，常用於油漆中。早期工程師為了製造機器、建造房屋，會把設計圖晒製成一種藍色的圖，稱為「藍圖」。藍圖也是利用普魯士藍作為藍色的色素。現在各種印刷術發達，幾乎已經沒有人使用藍圖了，但是這個名詞仍然流傳了下來，成為未來計畫的代名詞。

　　普魯士藍另一個日常用途是作為漂白劑的添加物。因為衣服洗久了會變黃，顯示衣服反射的光中，黃色光偏多。而普魯士藍既是藍色的色素，表示它會吸收藍色以外的光，它的最大吸收高峰落在紅橙色的光（波長680 nm），可以減少反射光中的黃色部分，使白衣服恢復雪白，彩色的衣服恢復鮮豔。

澄清真相

　　自然課，老師正在介紹呼吸作用。

　　「我們呼吸的時候，會吸入氧氣，呼出二氧化碳，要證明我們呼出的氣體中含有二氧化碳，可以使用澄清石灰水，因為澄清石灰水與二氧化碳反應後，會變混濁。現在我們來動手做這個實驗。」

　　老師手上拿著一支試管，裡面是透明的液體。接著老師在試管中放入一支玻璃管，然後問全班：「我現在手上的試管裡，裝的就是澄清石灰水。有誰自告奮勇，為全班演示人體呼出氣體與石灰水反應的情形。」

　　班上好多同學都爭先恐後的舉了手，明安和林大顯也搶著要上臺。很幸運的，老師點了明安上臺，其他沒被點到的同學不禁發出失望的嘆息聲。

明安興奮的跑上講臺，老師把試管交給他。「你對著玻璃管吹氣就對了。」

明安依老師的指示，用嘴含著玻璃管，向試管內慢慢吹氣，隨著氣泡不斷吹入石灰水，原本澄清的石灰水漸漸變得混濁。

同學不禁鼓掌叫好，明安把試管還給老師後，得意洋洋的回到座位。大顯不屑的說：「有什麼了不起，我去吹還不是會變色！」

「你……」明安覺得大顯是故意潑他冷水，不禁動怒。

「石灰的化學成分是氧化鈣，溶於水之後，變成氫氧化鈣，但是它的溶解度不大，所以我們要放置過夜，等到它沉澱後，取上層澄清的溶液出來做實驗。當在石灰水中吹入二氧化碳時，水中會產生難溶於水的碳酸鈣，所以水溶液變混濁。」老師忙著解釋剛才這個反應的原理，卻發現大顯和明安仍舊爭論不休，立刻制止他們之間的衝突。

「其實大顯說得對，任何一個人呼出的氣體都有二氧化碳，所以任何人來做這個實驗都可以使石灰水變混濁。」

　　這次換成大顯得意洋洋的對明安抬了抬下巴。

　　老師繼續說：「不過每個人肺活量不同，有的人可以很快讓石灰水變混濁，有的人就比較慢。」

　　明安就藉機嗆了回去。「你的肺活量一定沒有我大。」

　　「誰說的？」大顯也不服氣。「不然我們來比一比。」

　　歐麗拉覺得今天老師講課的內容有點困難，什麼氧化鈣、碳酸鈣，弄得她頭昏腦脹，又見他們兩個男生幼稚的爭吵不休，害她更難專心，就建議老師：「乾脆讓他們兩個人比一比，輸的人就閉嘴，讓其他人好好上課。」

　　老師想了想，促狹的笑著說：「也好，那麼我就把手中這管已經變混濁的溶液分成兩支試管，再看明安和大顯誰能最快把手中的溶液再變澄清。」

　　「真的可以變回來嗎？」明安和大顯不約而同的問。

　　「當然可以啊！我們呼出的二氧化碳，如果溶入水中，會形成碳酸，使水呈現酸性。水中難溶的固體碳酸鈣，遇到酸會變成可溶於水的碳酸氫鈣，這樣水溶液就恢復澄清了。」

　　老師一邊解說，一邊把手中的混濁溶液分成兩支試管，然後分別交給明安和大顯。「現在你們一人拿一支玻璃管，聽老師口令，用力把氣吹進水溶液中，看看誰能最快把溶液變澄清。」

　　老師等兩人準備好了之後，大喊一聲：「開始！」

　　明安和大顯兩人就拚命往試管裡吹氣，班上同學也分成兩組，分別為他們兩人加油，氣氛十分熱烈，比賽中的兩人也賣力吹。

　　不過，似乎不像當初明安第一次實驗時那麼輕鬆，他們兩人吹到有氣無力，溶液仍然還是混濁的，漸漸的，連加油的人也累了，不再吶喊。

　　就在兩人吹到面紅耳赤、氣若游絲時，終於歐麗拉發現：「大顯那一管變澄清了，大顯贏了！」

　　大顯終於放開玻璃管，鬆了一口氣，卻累到笑不出來，明安也不再吹氣，靠在牆壁上喘氣。

　　老師笑著說：「以後誰上課吵鬧的，就罰他把澄清石灰水吹到混濁後，再吹到澄清。」

　　明安和大顯這時才恍然大悟。「老師，原來你是故意整我們的……」

　　老師點點頭。「你們兩個愛比較，就讓你們比個夠呀！」

　　放學後，悶悶不樂的明安回到家中。晚餐時，爸媽發現他表情不對，便問他有什麼心事。明安老老實實把課堂上發生的事說出來。

　　「是你不對。」爸爸不假辭色的說：「上課不好好聽講，還跟同學爭吵。老師這樣做很好，不但懲罰了你們這兩個搗蛋的同學，也讓全班同學學到更多知識。」

　　明安沒想到，回到家又被訓了一頓，心情更加低落了。

　　媽媽拍拍他的肩膀說：「好啦！做錯事被處罰是應該的，別再難過了。明天是周末，爸爸和我打算到鶯歌去看姑婆，你要不要去？」

「當然要！」一想到可以吃到姑婆煮的菜，明安立刻忘掉一切的煩惱。

「我也要去。」明雪盤算了一下，星期一要交的作業不多，星期天再寫，應該來得及。

第二天中午，一家人來到鶯歌。姑婆果然煮了一桌菜請他們吃，這些菜都是姑婆在後院自己種的，真是香甜可口，大家吃得津津有味。

明安吃到肚子鼓鼓的，直呼：「好飽，好飽。」

姑婆說：「吃飽飯正好到後山走走，幫助消化啦！」

明雪和明安想到剛吃飽飯就要爬山，實在太累了，急忙找個藉口。「你們大人去爬山就好，我們去隔壁找阿根伯。」

阿根伯是姑婆家的鄰居，很疼愛明雪姊弟倆，加上在「煉金夢」（詳見《大家來破案III》）案子裡，阿根伯的

錢差點被假道士騙走，幸好明雪及時拆穿騙局，才保住他的老本，從此以後，阿根伯和姊弟倆更加親密，每次他們到鶯歌，總要找阿根伯聊天。

爸爸便說：「好，等我們下山再到阿根伯家找你們。」

姊弟倆聽到可以不必爬山，好像逃過一劫似的，立刻溜到阿根伯家。

阿根伯穿著厚厚的外套，手裡拿著枴杖正要出門。看到他們，便說：「你們來啦？真不巧，我正要出門去聽巡迴醫療團賣藥。」

「巡迴醫療團？」姊弟倆不解。

「是啊！只要坐著聽就會贈送牙膏、肥皂，這附近很多老人閒來沒事，都會參加喔！」阿根伯邊說邊鎖好門往外走。

明安低聲問姊姊。「跟不跟？」

「跟啊！不跟就要爬山了。」

於是兩人快步跟上。「阿根伯，我們也可以一起聽嗎？」

「當然可以，人人有份，只要去聽的，都有贈品。像我老了，整天沒事做，去聽人說話，可以打發時間，又有贈品可拿。」

賣藥的現場在生鮮超市隔壁，位於馬路邊的一樓，走進玻璃門後，裡面擺滿了椅子，前面有個講臺，講臺邊有張桌子擺滿了藥品和贈品。有七成的座位都坐了人，每個人一進門就收到贈品，今天贈送的是小包洗衣粉。

眼看觀眾都坐定之後，就有一位身材削瘦、皮膚黝黑的男子走到臺上，拿起麥克風親切的問候長者，接著說：「本公司最近發明一種藥水可以檢查各位的身體是不是健康，只要一分鐘，立刻診斷出你身體的毛病。在座各位長輩，有沒有人要試試。」

由於沒有人回答，主持人便決定利誘。「第一位上來的長輩，我們贈送你一個臉盆。」

這時候，阿根伯突然站起身來，把明雪和明安嚇了一跳。

主持人把阿根伯請上臺，然後從桌子上一個水壺中倒

了一些水到杯子裡，並放
入一支吸管。「阿伯，
你用力向水中吹氣一分
鐘，本公司發明的這種
神奇藥水就可以診斷出你
的身體有沒有毛病。」

　　阿根伯依言用吸管往杯裡
吹氣，一分鐘後，杯中的水就變混濁了。臺下觀看的老人都
驚呼連連，對這種神奇的現象議論紛紛。

　　主持人做出誇張的表情，大聲的說：「唉呀呀！你們
看，才一分鐘，水就變髒了，可見你的體內有很多毒素。阿
伯，你是不是經常腰痠背痛，感冒頭暈？」

　　阿根伯點點頭說：「對啊！你怎麼會知道？」

　　「看你呼出來的氣，毒素這麼多就知道啦！你想想看，
這些毒素吹進水裡，水就變髒，如果流到你身體的各個器
官，還能不生病嗎？」

　　「就是嘛！好可怕！」臺下的老人顯然感同身受。

　　明安拉拉姊姊的袖子，低聲的說：「姊，我知道他的詐騙手法喔！」

　　明雪笑著點點頭說：「我也知道。」

　　主持人又拉開嗓門說：「各位今天運氣好，才能參加本次的巡迴醫療團。本公司最新發明一種藥，恰好可以解除體內毒素。」

　　說著他由桌上排列的藥中，取出一瓶藥水，打開瓶蓋後，稍做停頓。「請注意看這種神奇新藥的解毒功能。」

　　確認在場的每一雙眼睛都在看他之後，主持人將手中的藥水慢慢倒入混濁的水中，說也奇怪，原本混濁的水立即恢復澄清。

　　在場老人又是一陣驚呼。明安這時皺著眉說：「這一招我就看不懂了，我只會不斷吹氣，吹到面紅耳赤，混濁的水還是很難變澄清。」

　　明雪悄悄的說：「我知道他在玩什麼把戲，等一下他一定會乘機賣藥，我會想辦法阻止他，你出去打電話報警，順便到隔壁超市幫我買一瓶白醋，快去！」

明安不知道姊姊要白醋做什麼，不過他知道必須立即採取行動，於是一溜煙就跑出門外。

這時候，主持人又對著臺下大吹大擂。「你們看，本公司的藥這麼有效，你只要吃完一瓶，保證幫你消除體內毒素，今後都不生病。」

許多老人紛紛掏錢準備買藥，連原來沒打算要買的阿根伯在看到神奇的試驗之後，也不禁心動想要掏錢。

明雪一看，覺得事不宜遲，便大喊一聲，「等一下。」

明雪說：「我也想測一下有沒有毒素。」

明雪急忙跳上臺去，對著麥克風說：「各位長輩，剛才主持人用實驗，證明他們公司的藥可以解除毒素。請各位先看我的另一項試驗，再決定要不要買他們的藥。」

這時所有老人都把拿錢的手縮了回去，並說：「看看這位小姐要做什麼試驗再說。」主持人只能尷尬的站在一旁。

明雪先學主持人剛才的做法，從水壺中倒了一杯水，然後問主持人說：「你要不要吹吹看？」

主持人生氣的說：「不用，我都有吃本公司的藥，不會

有毒素。」

「那我只好拿自己作為檢驗對象囉！」

同樣的，在她吹氣約一分鐘之後，水也變混濁了。

仍然站在臺上的阿根伯懷疑的說：「明雪，妳那麼年輕，就有那麼多毒素喔？」

主持人冷笑一聲說：「快向我買藥吧！算妳便宜一點。」

明雪看到明安已經買到白醋而且回來了，便說：「我不必用貴公司的藥水喔，我用普通的白醋就可以破解這種毒素。」

說著她接過白醋，展示給眾人看之後，當場打開瓶蓋，然後把醋慢慢倒入混濁的水中，說也奇怪，竟然和剛才一樣，混濁消失，恢復澄清。

「怎麼會這樣？白醋也有解毒效果喔？」現場沒有一個人弄得懂是怎麼回事，連明安都搔著頭，想不懂姊姊是怎麼辦到的。

明雪見警察到了，便壯起膽子，對所有老人說：「這杯

水變髒，和毒素一點關係也沒有，這杯是石灰水，我們人呼出的氣體都會有二氧化碳，所以無論誰來吹都會變混濁。」

　　臺下老人你看我，我看你，沒有人聽懂明雪在說什麼。倒是阿根伯了解明雪的意思，他大聲的解釋：「攏是騙人的啦！」

　　老人們聽懂了，咒罵著離去，警察也把一干騙徒押走，現場那些藥物也全當成證物沒收。

　　明安不肯罷休。「姊，妳一定要教我，為什麼我吹了老半天，混濁的石灰水都很難變澄清，妳卻用一杯白醋就解決了？」

　　明雪笑著說：「你們老師不是說了嗎？二氧化碳進入水中，會使水變酸。你們吹氣的目的也不過是使水變酸而已，我用醋就解決啦！剛才那個騙徒的藥水一定也是酸性的啦！」

　　明安緊握手中的半瓶白醋，不懷好意的笑著說：「嘿嘿，星期一再去找大顯比賽。」

 科學 小百科

　　石灰水中主要的成分是氫氧化鈣（$Ca(OH)_2$），遇到二氧化碳（CO_2）會變成碳酸鈣（$CaCO_3$）。因為碳酸鈣難溶於水，所以水溶液會變混濁。

　　如果繼續吹入二氧化碳，溶液pH值變小（石灰水的鹼性減弱），碳酸鈣變成可溶於水的碳酸氫鈣（$Ca(HCO_3)_2$），於是水溶液就恢復澄清了。

　　如果在混濁的石灰水中直接滴入酸，酸會與碳酸鈣反應，冒出二氧化碳氣體。等碳酸鈣作用完，溶液也同樣恢復澄清。這個反應和鹽酸滴在大理石地板上，會使地板冒泡的反應一樣。

目瞪神呆

爸爸近來經常抱怨飛蚊症愈來愈嚴重，眼前經常有黑點飛舞，最近那些黑點更惡化成黑色線條。好不容易等到寒假，終於有空了，爸爸預約到大醫院做個澈底的檢查。明雪要到學校上輔導課，而明安正好有空，便自告奮勇陪爸爸去。

醫生聽完爸爸描述的症狀之後說：「做個眼底檢查好了。我現在幫你點散瞳劑，然後你到外面等半個小時，時間一到，護士小姐會請你進來。」

說完便拿了一瓶眼藥水，幫爸爸的兩眼都點了藥，請爸爸壓住兩眼內角，到診療室外面的椅子上閉目休息。

明安好奇的問爸爸。「散瞳劑？好熟悉的名詞呀！我記得小時候，有近視傾向時，眼科醫師也是教我點散瞳劑，為

什麼你現在檢查眼睛也點散瞳劑？」

爸爸坐在診療室的塑膠椅上，兩眼緊閉，回答他道：
「你小時候，醫師開散瞳劑的目的，是要讓睫狀肌放鬆，減
緩近視度數增加。而我現在點散瞳劑是為了讓瞳孔放大，方
便醫師檢查眼底玻璃狀體及視網膜是否有病變。」

明安頗感興趣。「喔！一種藥劑竟然有兩種不同用
途。」

反正閉著眼睛，什麼事也不能做，爸爸乾脆針對這個話
題聊起來。「還不只如此呢！在文藝復興時代，當時的交際
花為了讓她們的眼睛看起來比較大，故意用一種名為顛茄的
植物，取它的汁液，滴入眼中，使她們的瞳孔放大，顛茄
的學名中有個字叫「belladonna」，這個字拆開來，bella
donna在義大利文中就是『美女』的意思，那是人類最早應
用散瞳劑的記載。到今天，我們仍然由顛茄中抽出一種名為
顛茄鹼的物質作為散瞳劑，顛茄鹼又稱為阿托平。」

明安驚訝的問：「什麼？為了漂亮而點散瞳劑？爸爸，
你不是常常對我們說，藥物和毒物只是一線之隔嗎？這樣隨

便用藥，對身體健康不會造成影響嗎？」

「你問到重點了。」爸爸說：「顛茄可說是毒性最強的植物之一，整株植物都含有莨菪烷生物鹼，阿托平就屬其中一種。阿托平是抗膽鹼劑的一種，會阻斷神經系統中乙醯膽鹼的作用。古代的羅馬人就用顛茄當成毒藥，或用它製成毒箭。傳說中羅馬皇帝渥大維就是被他的妻子用顛茄毒死的，只是未獲證實……」

爸爸談得正高興時，護士小姐由診療室裡探出頭來說：「陳先生，可以進來做眼底檢查了。」

經過詳細檢查之後，醫生告訴爸爸，沒有什麼大礙，只是老化現象，但是眼壓有點高，要長期點降眼壓的藥水。

由於散瞳劑的藥效仍在，爸爸的視力模糊，又畏光，明安便攙扶著他，慢步走出醫院門口。

這時候，一輛救護車鳴著警笛，快速駛向醫院。

急診室門口早已站了一名護士在等候，救護車在開進來後，駕駛座跳下一名救護員，急急忙忙繞到車後掀開後車門，只見另一名救護員坐在車中，正在對一名老年男性進行

急救。駕車的救護員對著護士大喊：「快點接手，我們還要回頭救另一名婦女，地點很偏遠，必須爭取時間。」

護士很驚訝。「什麼？還有另一個人？」

「我們一開始也不知道，本來是太太撥的求救電話，說他先生用餐後不到一小時，突然仆倒在地。我們急急忙忙出動救護車，哪知到了報案地址，發現太太也陷入昏迷。我們只好先把先生送來，現在要趕忙回頭救那位老太太。」

護士問：「知道是什麼原因造成兩人昏迷的嗎？」

救護員一邊把病人抬下車，一邊回答：「不知道，像這樣一家人同時昏倒，通常是一氧化碳中毒，但是他們煮稀飯的爐火已經熄滅，大門也是打開的，不像是一氧化碳中毒。」

救護員把病人移到醫院的推床之後，護士在救護員的文件上簽字，就把病人推入急診室，兩名救護員則急急忙忙又啟動鳴笛，把車開進擁擠的街道上，急駛而去。

明安很好奇。「夫妻兩人同時昏迷，又不是一氧化碳中毒，那會是什麼原因呢？」

爸爸知道這件事又引起他這名小偵探的興趣了，笑著說：「你先陪我回家，再打電話去問李雄叔叔吧！」

明安回到家後，立刻打了電話給李雄。

李雄說：「夫妻倆都已送達醫院，由於兩人先後昏迷，症狀又相同，在排除一氧化碳中毒的可能性之後，醫院懷疑有人對他們下毒，已經通報這個案件，我正要到案發地址調查，你若有空，也來協助調查吧，你的觀察力一向很敏銳。」

有了參與辦案的機會，明安怎會放過？他放下電話就匆匆趕到李雄告訴他的地點。那是位於溫泉區的一處村舍，屋子四周有許多美麗的喇叭狀白花。大門開著，李雄正在屋內。

明安走進去叫了聲叔叔，李雄點點頭，遞給他一雙橡膠手套。「你看，這種鄉下房子，通風很好，而且爐火是熄滅的，不可能是一氧化碳中毒。」

明安戴上手套，大略觀察一下房子的結構，同意李雄的看法。這種鄉下老房子，是用木板釘成的，木板之間縫隙很

多，所以過去人們就算在屋內燒煤炭或柴火，也不怕一氧化碳中毒。現在的房子因為採用密不通風的水泥當建材，所以關起門窗燒瓦斯，就會有中毒的危險。

　　明安想起這對夫婦是在用餐之後昏迷的，便注意觀察他們的餐桌，發現有兩副碗筷，碗中仍有稀飯的殘渣，顯然剛吃過稀飯，還來不及清理桌面，人就不舒服了。接著他又進入廚房，發現用來燒飯的爐子是傳統的大竈，竈底下沒有火，爐子是冷的，爐火早就已經熄滅。他掀開竈上的飯鍋，鍋底也仍留有未吃完的稀飯。

　　李雄在一旁說：「不知道是不是這一鍋稀飯被人下了毒？我已經取了一點粥，準備帶回去讓鑑識科的張倩化驗。」

　　明安有點氣餒，這一趟來，好像沒有幫上忙。無奈之餘，他抱著最後一絲希望去翻看竈旁的垃圾桶，發現一些

黃色扁平狀半圓形顆粒，表面溼溼的，有些還和煮熟的米粒黏在一起。他突然想起，他在竈面上飯鍋旁，似乎看到同樣的顆粒，他回到竈前取了一粒，拿近眼睛一看，覺得很像植物的種子。為什麼這些植物的種子有些在竈上，有些在垃圾桶，在垃圾桶裡的有些還黏了米粒？

明安反覆思索了數分鐘之後，突然恍然大悟，跑到屋外，仔細觀察那些白花，發現枝條上有些綠色圓球形蒴果，上面有棘刺。明安發現有幾顆蒴果，顏色偏褐色，而且已經裂開，他便摘下一顆剖開來看，果然蒴果的種子和竈上找到的顆粒一模一樣。

他精神大振，立刻用智慧型手機對著那些白花、蒴果及種子拍了數張照片。然後撥了自然老師的電話。

「老師，我傳幾張植物的照片給你，請你告訴我那是什麼植物好嗎？」

「好啊！你利用假期研究植物啊？很難得喲！」

自然老師是植物專家，經常教他們認識校園裡的植物，希望他能認出這種花是什麼植物。

幾分鐘之後，老師回電了。「你拍到的是大花曼陀羅。」

哇，糗了！明安對植物一竅不通，本來以為只要老師提供答案，就可以真相大白的，沒想到自己對這種植物毫無概念，老師所提供的答案，似乎對破案毫無助益。

幸好手機有上網功能，他就把「大花曼陀羅」鍵入搜尋引擎裡，想不到跳出來許多相關的網頁，挑了其中一個網站連上去。

大花曼陀羅，茄科……中國民間小說「七俠五義」之迷魂藥與「水滸傳」內的蒙汗藥均為曼陀羅，但是現在科學家已經知道，它含有毒的生物鹼莨菪（阿托平），如果誤食……將造成口乾舌燥、吞嚥困難、興奮、產生幻覺、昏昏欲睡、體溫升高、肌肉麻痺、呼吸系統麻痺等症狀……大花曼陀羅雖然有毒，但只要控制好用量，其莖葉也可當作減輕痛苦的麻醉劑及止痛藥。

嘩！真相大白！原來大花曼陀羅與顛茄同屬茄科植物，同樣含有與阿托平同類的有毒物質。

　　明安急忙把他的發現告訴李雄。「我猜，這對夫婦在烹煮稀飯時，不知為何，加入了大花曼陀羅的種子，後來可能覺得不妥，又將煮好的種子撈出，棄置於垃圾桶中，然後把稀飯吃下，但是為時已晚。因為在熬稀飯的過程中，有毒的汁液已滲入稀飯中，所以夫婦兩人在用完餐後，陸續中毒昏迷。」

　　李雄覺得這段推理與現場所見跡證十分吻合，便立即撥電話給醫院，告知病人可能誤食大花曼陀羅的汁液，希望醫生能對症下藥。同時他也採集了竈上及垃圾桶中的種子作為證物。

　　第二天早上，明雪不用上學，在客廳聽弟弟眉飛色舞的談起獨力破案的經歷，對於自己因為要到學校上課，未能參與辦案，十分扼腕。不過對於破案關鍵的阿托平，她倒有些認識。

　　她告訴弟弟說：「謀殺女王阿嘉莎‧克莉絲蒂，曾於第一次世界大戰期間，在醫院擔任藥劑師，從中學習各類毒藥的專業知識，並萌生撰寫推理小說的構想。所以她寫的偵探

小說中運用了許多藥學的知識。例如《13個難題》中就有使用阿托平殺人的故事。一個瘋狂的老人因為偷聽到兒子要把他送到精神病院，竟然就把自己的眼藥水加到兒子喝水的杯子裡，把兒子毒死。」

明安搶著說：「我知道了，他用的眼藥水一定含有散瞳劑。」

「答對了！」明雪不得不稱讚弟弟。「以前你都是靠著敏銳的觀察力協助破案，這次你又結合了細膩的推理，再加上知識愈來愈豐富，將來一定會成為大偵探的。」

這時門鈴響了，原來是李雄帶了一對老夫婦前來拜訪，明安認出男的是昨天被救護車送到急診室那位。

李雄說：「恭喜小偵探立了大功！張倩檢驗了殘餘的稀飯，果然含有高劑量的阿托平，完全符合明安的推斷。今天他們是專程來向明安致謝的。」

等李雄和老夫婦坐定之後，明安問：「請問你們為什麼會把大花曼陀羅的種子加入稀飯裡？」

老先生說：「那些種子是我採收下來，放在竈旁乾燥，

打算明年播種的。」

老太太尷尬的說：「是我不好，我看到竈上有種子，以為是我先生買回來要作為調味料用的，就灑了一些進去熬粥。後來因為我先生發現粥裡有種子，知道我弄錯了，就教我把種子撈出來。」

老先生說：「我們以為只要把種子撈出來就沒事，誰知道吃完稀飯沒多久，兩個人都覺得不舒服，接著我就倒下了。」

老夫婦又再次道謝。「幸好小弟弟能找出我們中毒的原因，醫生才能迅速治癒我們。」

明安謙虛的說。「還是醫生比較厲害，一聽到我們找出病人中的毒是阿托平之後，就能找出解藥，這些藥學知識我就不懂。」

明雪笑著說：「其實在剛才我提到的那本偵探小說《13個難題》中，就可以找到阿托平的解藥喔！用來治療青光眼或高眼壓的眼藥水中，可能就含有一種名叫毛果芸香鹼的成分，它正好就是阿托平的解藥啊！」

　　明安聽得目瞪口呆。「你是說，一種眼藥的毒性可以用另一種眼藥破解？」

　　「沒錯！毛果芸香鹼本身也是一種毒藥，但它和阿托平的作用正好可以互相破解，古人說的『以毒攻毒』，一點都沒錯。」

　　明安振奮的說：「藥學好有趣，我以後要多多吸收這方面的知識。」

　　坐在一旁的三名大人不禁說：「這麼一來，你的推理功力一定會更加增強，將來必定能成為大偵探。」

科學 小百科

　　許多救人的藥劑本身都是由毒藥製成。例如本文中提到的阿托平，本身有毒，會使人心跳過快、頭昏、噁心、視力模糊、失去平衡、瞳孔放大、畏光、口乾舌燥，嚴重時會昏迷，用量過多時，甚至會死亡。但若善加利用，則可以作為眼科用的散瞳劑及治療弱視，或在內科治療心跳過慢，抑制唾液分泌。

　　毛果芸香鹼本身也有毒，會造成瞳孔縮小、過度出汗、唾液過多、心搏舒緩及腹瀉。但若善加利用，則可以治療青光眼或口乾症。

　　你發現了嗎？這兩種毒藥的作用恰好相反，所以可以互相破解對方的毒性，成為以毒攻毒的最佳實例。

惡「磷」

　　星期三下午，明雪放學回家時，發現門口停了一部警車，正感到奇怪。走進客廳，發現擔任刑警的李雄叔叔和爸爸正泡著茶談話，更加意外。

　　「李叔叔，你怎麼有空？」每次見到李雄時，都見他忙得暈頭轉向，很難想像他有空來找爸爸聊天。

　　李雄苦笑道，「哎呀！我不是來聊八卦的啦！因為公事上的需要，所以來向你爸爸請教。」

　　李雄叔叔的公事應該就是刑案，這下子明雪的興趣全來了，書包一放，就坐下來聽。李雄知道明雪對偵探工作特別感興趣，所以不以為意，繼續談他最近工作上的麻煩。

　　「調查局最近給了我們一項情報，說是冰毒之王許國偉，可能潛入我們的轄區……」

「冰毒？加了毒藥的冰嗎？」明雪很困惑。

「不是啦！」爸爸差點把嘴裡的茶噴出來，他搖搖頭，心想明雪雖然是個厲害的小偵探，但是畢竟是小孩子，對這些不法分子慣用的黑話，似乎完全不懂。「冰毒是指『甲基安非他命』的氯化物或硫酸鹽。因為是純白色晶體，晶瑩剔透，外表看起來像冰，所以俗稱為冰毒或冰塊。」

李雄在一旁補充說明：「甲基安非他命在我國屬第二級毒品。製造、運輸、販賣第二級毒品，可處無期徒刑或七年以上有期徒刑，得併科新臺幣七百萬元以下罰金。」

明雪吐了吐舌頭，「好重的罪呀！」

李雄說：「這個許國偉本來是國立大學的化工碩士，沒想到他利慾薰心，利用專業知識製造冰毒，由於做出來的冰毒純度高，產量大，竟然成為國內最大的冰毒供應商，在黑道中號稱冰毒之王。半年前，他在高雄的地下工廠被調查局破獲，手下被捕，只有他狡猾的逃走了。調查局的情報顯示他跑到我們轄區另起爐灶，打算東山再起，所以調查局就請我們幫忙調查。可是因為這類非法製毒工廠大都會偽裝成住

宅或其他產業的工廠，要識破不容易，所以我特地來請教你

爸爸這位化學老師，看看製造冰毒的工廠有哪些特徵，這樣

查起來才有頭緒。要是我們自己查不出來，到時候被調查局

的探員在我們轄區中查出冰毒工廠，那多沒面子呀！」

「製造甲基安非他命的方法很多，最簡單的方法就是

用麻黃素為原料，然後用氫碘酸把它還原成甲基安非他

命……」爸爸滔滔不絕的上起化學課。

李雄表情痛苦的喊停，「夠了，義志兄，你愈說我的頭

愈痛，你不要告訴我那麼多專業名詞，只要告訴我製造冰毒

的地下工廠有哪些特徵就可以了。」

爸爸想了一想，歸納出幾個重點，用最簡明扼要的方法

說出來。「麻黃素可以治療氣喘、支氣管炎，也是某些減肥

藥的主要成分，歹徒可能會以大量成藥作為麻黃素的來源，

所以如果某個住戶或工廠的垃圾中大量出現同一種成藥的包

裝，就很可疑。另外，氫碘酸是最強的酸之一，所以如果某

間房子飄出酸味，也值得注意。」

李雄急忙拿出筆記本，記下這兩個特徵。「我先根據這

兩個特點對轄區內的房屋做調查，希望能有斬獲。」

　　這時，李雄的手機響起來，他接聽之後，立刻向爸爸告辭，「有一名婦女到警局報案，說她的小孩從中午放學後，到現在還沒回家。我覺得現在的小孩有的只是躲到網咖打電玩，暫時不想回家，家長可能太大驚小怪了，其實這種情形，大多再等個幾小時，等小孩玩累了就會回家。不過既然這位母親到警局要求協尋，局裡的同仁要求我回去偵辦這個案子，我現在要趕回去了。對了！失蹤的那位小朋友就是明安他們學校的同學，叫林大顯。」

　　明雪驚叫道：「林大顯？那是明安的同班同學呀！」

　　爸爸說：「明安今天只上半天課，下午打完球就回來了，大概打球太累，現在還在房間裡睡午覺呢！明雪你去叫他出來，看看他知不知道林大顯可能到哪裡去。」

　　明雪依言進房去把明安叫醒，明安睡眼惺忪的走出房間，向李雄問好後，聽說林大顯失蹤，十分震驚，「大顯今天下午是和我們一起打棒球的呀，他從來不上網咖，每天都準時回家。」

　　李雄點點頭，體認到可能真的出事了。「難怪他母親會這麼擔心，你們幾點離開學校？」

　　「我們不是在學校操場打球的啦！今天學校只上半天，所以很多人都要打棒球，學校操場和公園都有其他隊在比賽。我們只好到公園旁的空地去打球。」

　　「你們打到幾點才分手？」李雄問。

　　「比賽進行到第三局時，我打了一支全壘打，球飛進空地旁一間工廠裡去，工廠門口剛好站著一個工人，他進去幫我把球撿出來，但是凶巴巴的叫我們不要在那邊打球，否則球再飛進去工廠，就不還我們了。因為被那個工人臭罵了一頓，心情不好，我就帶著球回家了，其他人仍然留在那裡繼續打球。我離開時是下午一點半，他們就算繼續打完六局，大約也會在兩點半左右離開，現在五點鐘了，大顯還沒到家，的確不尋常。」

　　李雄向明安要資料，「和你們一起打球的有哪些同學，你有沒有他們的電話？我必須一個一個問，才能確定大顯是幾點離開球場，有沒有告訴同學說他要到哪裡去。」

　　明安看了爸爸一眼，「我們老師說，現在有了個人資料保護法，我們不能隨便把同學的資料給別人。」

　　爸爸點點頭說：「李叔叔是為了辦案而蒐集資料，依法可以不受限制，同學也會諒解。不過如果你擔心的話，由你負責聯絡同學，幫李叔叔問話也可以。」

　　這等於是讓他參與辦案，明安真是求之不得，立即跑進房間拿班級通訊錄。明雪也跟著進到他的房間，看到明安在書桌上堆積如山的物品中翻找資料，不禁責備他：「平常教你把桌面整理乾淨都不聽，現在要找東西可麻煩了！」邊說邊動手幫他整理桌面，見他的棒球手套扔在書桌上，而且球還在手套裡。她把手套拿起來，想放到架子上。就在這時候，她突然靈光一閃。

　　「球和手套借我一下。」她對弟弟說。

　　明安終於找到通訊錄了，隨口答應了明雪的要求，就跑到客廳，把通訊錄交給李雄，「今天下午和我們一起打球的有……」

　　李雄說：「你幫我一個一個打電話問，看看在你離開之

後，他們又打了多久的球？幾點鐘離開？最後看到大顯的人是誰？」

明雪不理會客廳裡的對話，她小心翼翼的把手套和球拿到自己的書桌上，然後戴上橡皮手套，取出手套裡的球，仔細觀察。她發現在白色的球上，除了黃土之外，還看到一些暗紅色的粉末。

她用棉花棒沾了一些暗紅色粉末，走到客廳，拿給爸爸看。「爸，你覺得這些粉末可能是什麼物質？」

爸爸仔細觀察那些粉末之後，要明雪去拿火柴盒來。明

雪到神明桌的抽屜裡拿，因為家裡沒有人抽菸，唯一需要點火的時機，只有拜拜時要點線香。爸爸並不伸手接火柴盒，反倒是把棉花棒放在火柴盒側面，要求明雪比較。

「你覺得這兩者的顏色像不像？」

明雪比對了之後，瞪大了眼睛。「你是說……這是紅磷？」

爸爸點點頭，「嗯，如果沒錯的話，這家工廠可能……」

這時候門鈴響了，明安的同學陳政宜走了進來。

明雪問：「這是怎麼回事？」

明安解釋道：「我打電話問同學，結果政宜說他是最後和大顯分手的人，反正他家離我們家很近，乾脆請他到家裡來，直接說給叔叔聽。」

政宜接下去說：「明安走了以後，我們繼續打球，過了一會兒，大顯又把球打進工廠圍牆裡。我們在門外叫了很久，都沒有人理，只好解散，各自回家，因為明安把第一顆球帶回家，後來飛進去的球是我的，我臨走前跟大顯講，球是他打進去的，要求他要買一顆賠我。我走的時候，大顯還待在工廠圍牆外不肯走。」

爸爸對明安和政宜說：「你們想想看，那家工廠有沒有什麼特殊的氣味？」

　　兩人都說：「有一股刺鼻的酸味。」

　　爸爸對李雄說：「說不定這就是你要找的冰毒工廠。」

　　李雄皺著眉說：「光憑酸味就判定，太武斷了吧！很多工廠都有酸味的啊！」

　　爸爸把手中的棉花棒交給李雄。「這枝棉花棒上的粉末交給張倩化驗看看，如果真的是紅磷的話，大顯就有危險了。你聽政宜描述的經過，大顯有沒有可能因為擔心賠不起那顆棒球的錢，因而冒險爬入工廠圍牆？如果因此撞見製毒過程，歹徒恐怕不會放過他。」

　　明雪覺得爸爸的顧慮很有道理，便自告奮勇說：「李叔叔你快到工廠救大顯，我送棉花棒到張阿姨的實驗室去。」

　　「我先到工廠拜訪，這樣歹徒就沒有機會加害大顯，你們化驗的結果，請張倩立即傳簡訊給我。」李雄對明安說：「你帶路，我們馬上到工廠去。」

　　明雪用塑膠袋裝好棉花棒，立刻出門招計程車，直奔鑑識科。

　　而明安則搭上李雄的警車，趕往工廠。李雄用車上的無

線電呼叫副手林警官率領其他警員到工廠外待命後，告訴明安：「雖然這家工廠可能是犯罪場所，但是在我們沒有證據之前，千萬不能胡亂指控，也不能輕舉妄動。萬一真的是冰毒工廠，歹徒可能會反抗，等一下你帶我到門口後，你留在車上別進去，才不會遭遇危險。」

明安點點頭，表示了解。

依明安指示的路線，警車開到了工廠門口，李雄下車按了門鈴，裡面明明燈火通明，但無人應門。這時候，支援的警力也已經趕到，李雄下令林警官率領部分警員繞到後門包圍。

另一方面，張倩在實驗室裡，把棉花棒上的粉末抖落到一根玻璃管裡，然後放入儀器中測量，沒多久，就說：「是紅磷沒錯！」

等張倩把檢驗結果傳給李雄後，明雪好奇的問：「為什麼製冰毒會和紅磷扯上關係呢？我爸爸說一般製毒的人是用麻黃素為原料，然後用氫碘酸把它還原成甲基安非他命，沒提到紅磷啊！可是他一發現明安的棒球上沾了類似紅磷的粉

末，立刻就推測可能與冰毒有關。剛才時間匆忙，我還沒問他原因呢！」

張倩請明雪坐下，為她詳細解說：「歹徒私設冰毒工廠時，往往利用碘與紅磷為原料，製造氫碘酸，所以這兩種物質也是地下冰毒工廠的特徵。」

一個小時之後，明安跑進實驗室來，興奮的大叫。「姊，我們把大顯救出來了，歹徒也被抓起來了，現在李雄叔叔正在問口供。」

原來，當李雄收到張倩的簡訊，正準備攻堅時，部分歹徒挾持大顯想從後門逃走，被林警官攔住，雙方發生打鬥。李雄聽到後門有情況，立即由正面破門而入，發現許國偉正在破壞製毒設備，意圖湮滅證據，當場予以逮捕。

明安愈講愈高興。「姊，太可惜了，你都沒看到李叔叔制伏歹徒的經過，我在車上看得一清二楚，比警匪片還精采呢！」

明雪也不甘示弱。「我在這裡看張阿姨做實驗也很精采啊！而且還學到很多化學知識呢！」

明安搖搖頭說：「我一點都不羨慕。」

這時候，李雄走進實驗室說：「大顯已經由他媽媽接回去了，冰毒大王許國偉和他的黨羽全都認罪。我現在載你們兩個回家吧！順便要謝謝你爸爸。冰毒工廠裡的情形果真和他說的一樣，除了酸味撲鼻外，垃圾桶裡全是支氣管炎的成藥包裝盒。我們每個人如果多注意社區裡是不是有什麼異常的情形，或許冰毒工廠就無法在社區裡隱藏了。」

明安點點頭說：「嗯，社區裡躲藏了這種壞蛋，如果沒有即時破獲的話，大家日常起居都不安全啊！」

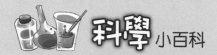科學小百科

　　甲基苯丙胺，又稱甲基安非他命，本身難溶於水，若製成它的氯化物或硫酸鹽，呈白色或無色結晶或粉末，又稱冰毒，易溶於水，是一種人工合成的興奮劑。它的副作用包括厭食、過度亢奮、瞳孔放大、皮膚潮紅、大量排汗、口乾舌燥、頭痛、呼吸急促、血壓不穩等。更糟糕的是有成癮性及毒性，在我國被列為第二級毒品。

　　麻黃素也是一種危險的藥物。中藥以麻黃治療氣喘及支氣管炎已有數百年的歷史，但副作用很多，包含心跳過快、皮膚潮紅、噁心。因為化學結構與甲基安非他命很像，所以歹徒常以含麻黃素的藥物為原料，製造甲基安非他命。

綠色「孔」怖

　　今天是星期六，不用上課，明雪比平常晚起床。梳洗完畢，走入餐廳，看到爸媽已經坐在餐桌前共進早餐，兩人優閒的翻著報紙，一邊針對新聞交換意見。

　　媽媽指著其中一則報導說：「你看，臺北市衛生局公布水產抽驗調查，結果五十五件水產品中，共有兩件不合格，包含臺北漁產運銷公司的午仔魚驗出孔雀綠，已令其下架並處以罰鍰。吃的魚有毒，這教我們小市民怎麼吃得安心？」

　　「什麼是午仔魚，是鮡仔魚嗎？老師說過，沒有一種魚叫鮡仔魚，那是各種魚苗的混合，那麼小就撈起來吃，對漁業資源破壞性很大，目前採限期禁捕政策。」明雪對動物不太了解，一面嘀咕，一面坐了下來，用筷子夾了一個小籠湯包，咬了一口。探頭去看報上的照片，午仔魚看起來滿大尾

的，而且呈白色，看不出有加什麼孔雀綠啊！她禁不住好奇心，便在嚥下口中的食物後，開口問爸爸：「孔雀綠是什麼？是孔雀石嗎？我看過孔雀石，是很漂亮的綠色礦物，也是有毒的物質。」

她在化學課學過，孔雀石是一種翠綠色的礦物，有些很大塊，可以當寶石。不過它的成分其實是鹼式碳酸銅，和銅生鏽後的銅綠成分很類似。毒性來自銅，屬於重金屬化合物。

爸爸搖搖頭說：「不是，孔雀石是含銅的礦物，但孔雀綠是有機化合物，不含任何重金屬，只因顏色近似孔雀石，所以取了這個名稱。孔雀綠屬於致癌物，在老鼠實驗中顯示可能與肺腺腫有關。」

媽媽皺了皺眉頭。「致癌物？那怎麼會出現在水產裡面？」

爸爸說：「傳統上孔雀綠是作為染料，可以在絲織品、皮革及紙張上染色，孔雀綠及類似染料的年產量有幾百萬公斤。不過用在水產上，並不是為了染色，而是用來為魚治

病。」

　　媽媽懷疑的說：「它不是有毒的致癌物嗎？怎麼還能治病。」

　　爸爸辯解道：「藥和毒本來就是一體的兩面，用對了就是藥，濫用就是毒。」

　　明雪愈聽愈感興趣，喝了一口冰豆漿後，接著問：「它有漂亮的綠色，你說它能當染料，這很合理。可是它能治療魚的什麼病呢？」

　　爸爸顯得有點尷尬。「我也不知道呀，我對水產不熟！」

　　明雪有點失望。「不知道可以問誰？而且我好想瞧瞧它是什麼樣的綠色，真的像孔雀石那樣的翠綠嗎？」

　　爸爸想了一下說：「啊，我曾經教過一個學生，名叫陳祐丞。他讀高中時，就對養魚非常有興趣，不但自己養了好幾缸魚，還利用課餘幫別人設計魚缸賺取外快呢！後來申請大學時，也申請了水產養殖系，結果教授一看到他設計的水族箱照片，又對魚類懂得那麼多，立刻就錄取他。聽說他進

大學後，立刻就被老師收入實驗室，和其他碩、博士生一起進行研究。」

「哇，好棒喔，如果能當面向他請教就好了。」

爸爸拿出手機說：「我聯絡看看。」

幾分鐘後爸爸興奮的說：「太好了，他說他今天要到實驗室忙，可以為我們解說，還可以拿孔雀綠給我們看。」

媽媽忍不住嘀咕。「不是說好要趁今天放假，去看住院的舅媽嗎？」

爸爸本來好像忘了，經媽媽一提醒，趕忙自圓其說。「沒差啦，都在同一條路線上，先到實驗室，再到醫院。明安一大早就和同學出去打棒球了，我們三個人去好了。」

這所大學的水產養殖實驗室是一間非常寬敞的鐵皮屋，裡面有一個一個大型塑膠圓桶，每個圓桶裡養了不同的魚、蝦及貝類，由研究人員操控不同的實驗條件，並記錄各種變

化。祐丞只是大學生，並沒有自己的研究主題，只是協助學長學姊進行實驗，乘機吸收各種知識。

他拿出一瓶藥品說：「這就是孔雀綠，孔雀綠對抗卵菌及水黴菌非常有效，這兩類的菌會使水產養殖業的魚卵受到感染。所以很多養魚的人會買這種孔雀綠水溶液，每天灑一點在水中，結果水產就出現了超標的孔雀綠。」

媽媽問說：「你們實驗室也用嗎？」

祐丞說：「是的，我們用它來治療淡水魚的魚蝨，感染到這種病的魚身上會出現小瘤，來，我帶你們去看。」

他帶領他們來到牆邊長方體的玻璃魚缸前，裡面有許多小魚，有的全身呈褐色，有的身上有各種不同顏色的條紋。祐丞指著其中一種有藍、白、紅三種條紋的小魚說：「這是阿氏霓虹脂鯉，又稱為寶蓮燈魚，你們瞧，牠們都感染了魚蝨。」

明雪仔細湊上去看，發現牠們身上有許多直徑將近1公釐的白斑，像鹽粒或糖粒黏在魚身上。

祐丞在天平右盤上放了一張稱量紙，倒了一些孔雀綠在

紙上，果然是漂亮的翠綠色。「每一公升的水加三毫克，恰好符合治病的用量。」

稱完之後，他把藥灑進魚缸裡，水立刻染上淡綠色。「像這種觀賞魚，使用孔雀綠治病就沒有問題，但是用在食用的魚類，會危害食用者的健康，在許多國家都是禁止的。」

明雪要求祐丞送她一些孔雀綠，她想利用學校實驗室嘗試一些實驗。

媽媽急忙制止。「那是有毒的東西，為什麼要帶走？何況我們還要到醫院探望病人，快點走吧！」

祐丞說：「不要吃進嘴裡就沒關係，我稱三毫克給你好了，記得碰過一定要洗手，才能吃東西。」

於是祐丞又稱了一些孔雀綠，用稱量紙包好了，交給明雪。明雪順手放入背包裡，一家人便匆匆向祐丞告別，趕往醫院。

抵達醫院後，他們先到一樓附設藥妝店買了雞精，然後搭電梯前往三樓病房。病人是媽媽的舅媽，明雪要叫她妗

婆，年紀很大，平時都由女兒照顧，最近聽說發現肝硬化，必須住院治療。明雪他們趕到時，阿姨正要推著妗婆去做治療，明雪他們急忙把手中的東西放下，幫忙推病床。

病人在手術室裡治療時，爸媽就在外面陪阿姨聊天。明雪覺得很無聊，就想回到病房，拿剛才取得的孔雀綠出來把玩，告訴父母後，她回到三樓。在病房門口和一個中年男子擦身而過，那人留著西裝頭，身穿黑外套，拉鏈沒有完全拉上，露出裡面的白汗衫，下半身穿牛仔褲。由於妗婆住普通病房，所以共有三張病床，每個病人都有各自的陪伴家屬，所以明雪不以為意，認為那人是其他病人的家屬。

她走進病房後，發現裡面空無一人，可能另外兩名病人也被推去進行治療了，她走到妗婆的病床上翻起自己的背包，打開一看，發現拉鏈已被拉開，裡面包孔雀綠的紙已鬆開，綠色粉末灑了出來，她急忙翻看放在旁邊的小錢包，裡面原有的一張千元大鈔已經不翼而飛。

她急忙追了出去，走廊上已不見人影，她奔跑到轉角，發現穿黑外套的男子正以飛快的步伐要走下樓梯。她急忙大

喊：「先生，等一下。」

那人回頭看了明雪一眼，卻加快腳步跑下樓梯。明雪急忙跟了上去，轉瞬間來到一樓的大廳，果然看到那人正混在人群中想溜出大門。明雪急忙向門口的警衛大喊：「攔住穿黑外套的那位先生，他是小偷，偷了我的錢。」

站在門口的警衛聞言果然把那人攔下，大廳的眾人聽說有賊，也圍在一旁觀看，對男子指指點點。

男子氣急敗壞的說：「小姐，你沒有證據不要亂講喔，小心我反控你誣告。」

警衛說：「我只是保全公司的人員，無權問案，不過既然這位小姐指控你偷她的錢，而且本醫院最近確實頻頻傳出病人及家屬遭竊的案件。我會通知附近的派出所前來調查，你有什麼意見，請你去對警察講。」

幾分鐘後，爸媽及阿姨趕到警衛室，證明他們皮包裡的現金全部都不見了，但是其他物品則沒有損失。

兩名警察到了之後，請護理人員聯絡同一病房的家屬清點財物，結果發現現金全部都不見了，但是其他物品沒有損

失。明雪心中暗暗叫苦，看來這名竊賊非常狡猾，如果他偷了別的物品，將會非常容易被指認出來，但是鈔票卻不容易指認，除非你記下了號碼，但是正常情況下有誰會這麼做？

護理師還透露，該名男子經常在病房出入，但是沒有人知道他是哪一名病人的家屬。警察聽完護理師的證詞後，認為該名男子涉有重嫌，便請他把口袋裡的所有東西都取出來，放在桌上，結果有個放證件的皮夾子，還有好幾疊皺巴巴的鈔票，明雪知道其中有一張是自己的，其他的鈔票則偷自爸、媽、阿姨及其他家屬。

警察拿出該名男子的身分證，發現他名叫吳叔儒，經通報警局以電腦查詢，但局裡回覆此人沒有任何犯罪前科。

吳叔儒理直氣壯的說：「當然沒有任何前科，你們抓錯人了，小心我告你們。」

警察又請護理師協助查閱他有沒有在此醫院看診的病歷，結果也沒有。

警察問：「你到醫院做什麼？」

吳叔儒說：「我來探病，不行嗎？」

「你究竟是探望哪一位病人呢？」

「我發現我要探望的病人出院了，正想離開，這位小姐就對我糾纏不清。」

明雪被這麼無恥的竊嫌氣得暴跳如雷。

警察又問：「你身上為什麼有那麼多現金？」

吳叔儒冷笑道：「笑話，這些錢都是我自己的，有錢又不犯法。你們怎麼證明這些錢是你們的？鈔票上有你們的名字嗎？」

所有被偷走錢的家屬面面相覷，連警察也嘆了一口氣，這個竊嫌太狡猾了，恐怕不容易定罪。

沒想到竊嫌這句回嗆的話卻讓明雪靈機一動。「警官，我有辦法證明他是小偷，而且我也能指認我的鈔票。」

「什麼？」所有人都驚訝的看著明雪，吳叔儒更是嚇了一跳。

明雪說：「警官，請你帶吳先生去洗手。」

承辦警員也搞不懂明雪葫蘆裡賣的是什麼藥？明雪湊上前去，在警官的耳邊說了幾句話，警員點點頭，就把吳叔儒

帶到旁邊洗手臺。

媽媽悄悄問爸爸說：「明雪為什麼要那個人洗手？」

爸爸笑著說：「明雪說她能指認小偷和鈔票時，我也不懂，後來她要嫌犯洗手，我就懂了，這個方法真聰明。噓……注意看，精采的來了。」

雖然吳叔儒抗拒，但是警員仍然強迫把他的手拉到水龍頭下沖洗，結果他的手瞬間變成綠色。吳叔儒嚇得臉色慘別，直呼：「怎麼會這樣？」他用力搓洗，想把手上綠色的痕跡洗掉。

爸爸對他說：「沒有用啦，這種有機染料沾上了手，至少要好幾天才會褪色。」

吳叔儒回頭不解的問：「什麼有機染料？」

明雪打開背包，讓吳叔儒及警察看那些已經散開的孔雀綠。「我的背包裡原本放了這包綠色染料，但是你在翻找現金時，把它的包裝紙打開而且弄翻了，我確定你一定碰到

了，而且我的那張千元大鈔也必定碰到了。即使量很少，只要一碰到水，就會呈現綠色。我只要測試單張的鈔票，就可以找出哪一張是我的。」

接著明雪從那些零亂且皺巴巴的鈔票中，挑出幾張單張的千元大鈔，都放到水龍頭下碰一下水，果然其中有一張也和吳叔儒的手同樣呈現綠色。

警察笑著說：「凡做過必留下痕跡，這下人贓俱獲，你沒話說了吧？」

吳叔儒頹然的搖搖頭，警察立刻為他戴上手銬，並要求所有的人跟著到警察局作筆錄，並把被偷的錢領回。

 小百科

　　孔雀綠是一種有機化合物，通常當成染料，可以為絲綢、皮革及紙張染色，但也被水產養殖業採用為魚類用藥，不過因為有毒，所以頗有爭議。雖然名為孔雀綠，但和孔雀石的成分完全不同，只是顏色相似而得名。

　　本文所描述的抓賊方法，並非作者杜撰。在1954年出版的《The Police Journal》（警察期刊）中，一位美國警官描述了這種藥品可以磨成粉狀，用刷子刷在誘餌（如金錢）上。不過要在誘餌附近安排知情的職員，大約每隔一個小時巡視一次，一旦發現誘餌被偷，就要立刻通知警方封鎖現場，然後對所有人的手及衣服噴水檢驗，唯一一個出現綠色反應的人就是小偷。

「金」爆危機

今天的最後一堂課是歷史課。

課程內容正好講到火藥的發明。老師滔滔不絕的說道：「火藥是中國人發明的，是煉丹士想煉製長生不老藥時，不小心發現的。當蒙古人入侵時，宋朝的軍人便用火藥製成武器，對抗蒙古人。當時所用的火藥，又稱為黑火藥，是由硫黃、木炭及硝石製成的。蒙古人消滅宋朝後，建立元朝。又用火藥製成的武器攻打日本、中東及歐洲。火藥的技術因此傳播到中東及歐洲……」

這時奇錚突然舉手問：「為什麼叫黑火藥，有其他顏色的火藥嗎？」

歷史老師愣了一下才說：「這些問題去問化學老師。」

下課後，明雪走到奇錚面前，揶揄他說：「如果你拿這

些問題去問化學老師，鐵定被罵，說不定還扣你分數。」

奇錚問：「為什麼？」

「木炭是什麼顏色？」

奇錚說：「黑色的啊！」

「那黑火藥名稱怎麼來的還不清楚嗎？」明雪笑著說。

「可是還有黃色的硫和那個什麼色的硝石？」

「硝石就是白色的硝酸鉀啦，你連這個都忘記，當然會被老師罵。」

「既然有黃色的硫，為什麼不叫黃火藥？」奇錚依然不服氣。

「因為木炭的顏色最深，把其他兩種成分的顏色壓過去了嘛！何況黃色炸藥是另一種化合物三硝基甲苯的俗稱，要到十九世紀才被發明出來。這是兩種完全不同的炸藥好嗎？」

奇錚撇了撇嘴，不屑的說：「哼！誰像妳把各種炸藥記得那麼詳細！」

回到家中，正好趕上晚餐時間，一家人圍著吃飯，聊

起今天各人發生的事。明雪
便把最後一堂歷史課發生的
事，說給大家聽。

　　爸爸聽完之後說：「有
時候學生如果一直追問火藥的
事，也不免令我提高警覺。
我記得有一年，雖然不是我班上的學生，不過是我們學校的
學生。他當時一心想做炸彈，向他的理化老師請教火藥製作
的方法，老師不肯教他製造的細節。結果他竟然照書上所寫
的材料，自己到化工材料行購買原料，就在他們家的頂樓組
裝，結果不小心發生爆炸，把自己的兩隻手指頭炸斷了。」

　　「哇，好慘喔！」餐桌上的每個人都發出嘆息聲。

　　媽媽抱怨說：「吃飯的時候，怎麼談這個呢？好啦，大
家都吃飽了吧，要談到客廳談，明雪把冰箱裡洗好的葡萄拿
出去給大家吃。」於是一家人轉移陣地，到客廳聊天。

　　明安對剛才談的話題仍然不肯放棄。「爸，他的手後來
有沒有醫好？」

「當然沒有，聽說小指和無名指都炸碎了，怎麼醫？醫生只能幫他止血，防止發炎而已。」

明安吐吐舌頭。「火藥好可怕喔！」

明雪乘機告誡弟弟說：「沒有老師指導，就冒險進行危險實驗，才會發生這麼可怕的後果。」

明雪問：「你還記得他是用什麼火藥進行試爆嗎？」

「就是最簡單的黑火藥啊！」

「那種古老的配方，威力應該不會很大吧？」明雪表示懷疑。

「你可千萬不可對它掉以輕心，現在很多爆竹或煙火，仍然使用黑火藥，通常用於慶典。大家以為它沒有什麼殺傷力，其實不然。像2013年波士頓馬拉松爆炸案，事後調查發現，歹徒是用商店裡買回來的煙火，取出其中火藥後，再裝置成炸彈。可見他們用的火藥仍然是黑火藥或同類的火藥，但是威力強大，造成很大的傷害。」

這時候突然一聲巨響，房子也跟著一陣搖晃。家人面面相覷，不知發生了什麼事。不久之後，聽到救護車及警車鳴

笛呼嘯而過。家人不免有點焦躁，打開窗戶往街上瞧，又沒有什麼異狀。

媽媽擔心的說：「聽那聲音，好像爆炸，會不會我們這個社區也像高雄及新店一樣發生氣爆？」

爸爸說：「打開電視看看有沒有報導？」

眼尖的明安指著畫面下方的跑馬燈。「你們看，跑馬燈說，我們這一區某棟商業大樓發生爆炸，有一人受傷送醫，警方正在調查。」

明雪說：「我想打電話問李雄叔叔或張倩阿姨，看看是怎麼回事。」

媽媽急忙制止。「我們這一區發生爆炸，他們兩個人一定忙壞了，這時候打電話去，直接干擾他們辦案，豈不是比看熱鬧的人還可惡？」

明雪雖然很想知道案情，但是媽媽說的有理，她只好乖乖回房寫功課。

第二天早上，她翻閱報紙上的地方版，只知受傷的人是一位姓廖的女律師，案發當時，她收到一個包裹，不久就發

生爆炸。警方正在追查遞送炸彈的歹徒,但目前仍無線索。

這一整天上課,明雪如坐針氈,好不容易熬到放學,她恨不得立刻一溜煙跑到警局鑑識科找張倩,不過就在她走出校門時,手機發出來電鈴聲,是張倩打來的。

張倩在電話裡笑著說:「我很納悶,爆炸案發生後隔了將近二十小時了,妳怎麼沒有打電話來?」

明雪扮了個鬼臉說:「沒辦法,媽媽不准我打。我現在正要趕到妳那兒去呢!」

張倩說:「妳不用來了,我正要到府上,這個案子有牽涉到一些化學問題,我想找令尊討論一下。」

「太好了,我馬上回家。」於是明雪三步當兩步走,急忙趕回家。

一到家,爸爸、李雄和張倩已經坐在客廳中談話了,明安也樂得在一旁大啖茶几上的點心。明雪打過招呼後,坐在

一旁聆聽。

　　李雄正在說明歹徒犯案的經過。「歹徒是在鋼管中放了火藥，然後放在包裹裡送交廖律師，接著歹徒以搖控的方式引爆火藥，將她炸傷。」

　　張倩道：「今天來是要請你提供化學方面的專業見解。我們鑑識科首先要弄清楚火藥的種類。除非是軍方或礦業的人，才會使用黃色炸藥。一般人不容易取得這種炸藥，所以通常會從爆竹中取出黑火藥，再製成炸彈。我們取了本案炸碎的碎片，經檢視，並沒有殘餘火藥，用水溶液清洗碎片及爆炸後殘餘粉末，分析其中所含離子，結果發現不含硫。」

　　爸爸驚訝的說：「不含硫？那就不是黑火藥了。」

　　張倩點點頭。「我們懷疑歹徒使用的是黑火藥的替代品。」

　　明雪好奇的問：「為什麼需要用替代品？」

　　張倩說：「因為黑火藥安定性差，威力也不夠，所以有人發明了許多種替代品。最常見的就是用有機酸作為燃料，替代原有的木炭和硫。我們懷疑這起爆炸案也是用這類黑火

藥替代品，只是不知道是用哪種有機酸作為燃料。」

爸爸伸手向張倩要資料。「我可以看一看分析的數據嗎？」

張倩把報表交給爸爸。

「產物有蘇糖酸、二酮古洛糖酸及草酸……」爸爸喃喃的念了一串明雪聽不懂的化合物名稱，然後沉思了好一會兒，抬起頭對張倩說：「由這些產物看來，燃料可能是抗壞血酸……」

「抗壞血酸？那不就是維生素C嗎？那是營養素，怎麼可以做火藥？」明雪驚訝的問。

爸爸耐心的為她解釋。「藥廠宣傳維生素C的保健功能，不是都說它是抗氧化劑嗎？換句話說，在氧化還原反應中，它是扮演還原劑的角色，對不對？」明雪點點頭。

「爆炸就是快速的燃燒，其中燃料是扮演什麼角色？」

明雪毫不遲疑的回答。「還原劑。」

爸爸點頭微笑不語，明雪忽然就懂了。「維生素C在爆炸時，以及在人體內，扮演的角色都是還原劑，只是爆炸速

率快得多。」

爸爸笑著說：「完全答對了。」

明安不耐煩聽這些艱深的化學知識，便問李雄。「叔叔，要破案一定要懂那麼多化學嗎？不能靠包裹上留下的指紋追查歹徒身分嗎？」

張倩搖搖頭說：「找不到指紋。」

李雄說：「因為歹徒戴了手套，電梯裡的監視器有錄到歹徒送包裹的身影，來，我播給你們看。」

李雄從手提電腦中，播放錄影的檔案給大家看。歹徒一身藍帽藍衣，打扮成快遞人員，但戴著口罩，不容易辨識面貌。而且歹徒雙手果然戴著白色棉布手套，捧著包裹。

明安卻大叫一聲。「咦？叔叔，停格，你們看他的左手。」

李雄急忙按暫停鍵，把畫面停住，然後放大局部特寫，仔細觀察歹徒左手。雖然經放大後，畫面不是很清楚，但仍可感覺歹徒的左手手套在無名指及小指的部位不太正常，似乎是枯瘦下垂的。

爸爸驚訝的說：「明安，你的觀察力真強，這個人是不是沒有左手的無名指及小指？我的天，難道是⋯⋯」

李雄急忙問：「是誰？」

爸爸急忙把多年前試爆的那名學生，因事故而炸斷兩隻手指的事，簡單描述了一次。

於是李雄用電話與警局裡的同事聯絡，不久後，資料就傳進他的手提電腦。「嗯，那個學生叫楊建洲，當年爆炸的公寓在新崎路⋯⋯唉，那就對了，因為廖律師的辦公室雖然在這附近，但住家在新崎路。而且當年鼓動住戶求償的就是廖律師。犯罪動機也有了，嫌犯就是報復當年廖律師的求償行動，造成楊家傾家蕩產，還被迫搬家。」

李雄關上筆記型電腦，站了起來。「有了姓名，就可以查出嫌犯現在的住處，我要去逮人了。」

明雪和明安請求爸爸讓他們跟著去。

爸爸說：「現場可能有歹徒使用的爆裂物，太危險。」

張倩說：「我會等確認現場安全後，才讓他們進來。這次能由嫌犯斷指特徵認出他的身分，都是明安的功勞，應該

讓他去看看。」

由於張倩的求情，爸爸終於答應讓他們跟著警車到現場去。

李雄在警車上就用無線電向檢察官申請搜索票，由於爆炸犯太危險，檢察官很快就批准，同時局裡另一批警員也已趕往現場包圍。

明雪和明安坐在警車裡，看著幾名壯碩的警員踢開大門，衝進去搜索。幾分鐘後，李雄出來請張倩進去蒐證。

張倩對明雪和明安說：「跟著我來吧！」

他們三人進到屋內，看到許多警員翻箱倒櫃在搜索證物。李雄指著桌上一堆瓶瓶罐罐及研鉢等化學器材。「看來這傢伙仍然沉迷於火藥的研究，你們看看是不是這次爆炸用的火藥。」

張倩拿出其中兩個瓶子看了看之後說：「你爸爸猜的沒錯，其中一種原料是維生素C。」

她把兩瓶原料用塑膠袋封好，放入證物箱裡。接著她又看看研鉢裡混合好的成品，是金黃色粉末。「嗯，一種白色

原料，一種淡黃色原料，做好的成品就是這種金色火藥了。組長，鐵證如山，我敢說這次爆炸案就是楊建洲做的。」

這時候，有位警員由抽屜中找到一本筆記本，立刻大聲報告。「組長，你該看看這本筆記，裡面有許多人的姓名和住址，其中有廖律師和林警官的。」

林警官先接過去看了裡後，大驚失色。「組長，這裡面全是當初對楊家求償的住戶名單，其中有些人已經搬家，楊建洲也都調查出每個人的工作地點及住址。」

李雄也很緊張。「天啊，這傢伙打算對所有當年那件案子中對他不利的人全都進行報復，廖律師只是第一個受害者而已。他現在說不定正準備加害第二個人。立刻通知各轄區警員前往保護被害人。同時把楊建洲的照片公布出去，見有裝扮成快遞人員運送包裹者，立刻攔下盤查，務必要抓到這個傢伙。」

 小百科

抗壞血酸就是維生素C，是天然的抗氧化劑。純的維生素C是白色固體，但常含有雜質，而呈淡黃色，所以某一種添加了維生素C的汽水就呈現金黃色。維生素C溶於水會呈現酸性，而且人體如果缺少維生素C，就會得到壞血病。你現在知道它的名字是怎麼來的吧？

維生素C經反應後，會降解生成二酮古洛糖酸，然後再分解成為蘇糖酸及草酸。所以如果用維生素作為火藥，主要產物當然是二氧化碳和水，但是爆炸發生在極短時間，必然不可能完全反應，所以在產物中就會找到這些酸。

口水戰

　　明雪正在上生物實驗，今天老師要演示的實驗是「澱粉水解」。

　　老師先講解實驗原理。「澱粉是有許多葡萄糖聚合而成的大分子，在口腔中會被唾液裡的酵素分解，而變成麥芽糖，麥芽糖是由兩個葡萄糖構成的。如果再結合其他酵素，就可以把麥芽糖變成葡萄糖，被人體利用。所以吃飯的時候要細嚼慢嚥，讓唾液裡的酵素發揮作用，這樣才能好好消化……」

　　這時候，雅薇指著奇錚說：「老師，奇錚吃飯好快，根本沒有嚼碎，就吞進肚子裡去了，這樣是不是代表他沒辦法消化？」

　　老師望著一臉尷尬的奇錚，笑著說：「當然不是完全無

法消化，其實胰臟也會分泌同一種酵素，在小腸幫忙分解未消化的澱粉。只是澱粉如果能在口腔裡停留得久一點，胃腸的負擔比較輕，對食物的消化與吸收都有好處。好了，我們現在要開始做實驗了，我們需要收集一些口水。」

老師手上拿了一個空的小燒杯。「有誰要捐出口水讓我們做實驗的？」

同學們都做出噁心的表情，沒有人自願往杯裡吐口水。

老師只好把小燒杯交給奇錚。「既然你平常都狼吞虎嚥，沒讓口水發揮功用，今天就拿你的口水來做實驗好了。讓你親眼目睹口水的神奇功能。」奇錚無奈，只好乖乖照做。

老師接過小燒杯後，先放在一旁。然後她取出兩支試管，用油性筆在試管外分別寫上「甲」和「乙」兩字。接著她取出事先煮好的澱粉液，在兩支試管中各加入約兩毫升的澱粉液。

惠寧輕聲對明雪說：「澱粉液看起來好像稀飯的湯汁喔！都是白色又有點混濁的液體。」明雪瞪了她一眼說：「因為稀飯的湯汁本來就是澱粉液啊！所有米、麵及馬鈴薯等主食都含大量澱粉。」

這時老師在兩支試管中各加入幾滴氫氧化鈉及兩毫升的藍色溶液，兩支試管內的溶液都變成藍色。

老師邊實驗邊說明：「這種藍色水溶液稱為本氏液，可以用來檢驗葡萄糖。現在試管裡只有澱粉，沒有葡萄糖，所以呈現藍色。等一下如果哪一支試管的澱粉被分解了，就會出現紅色沉澱。」

接下來老師把小燒杯裡的口水慢慢倒入甲試管，用玻棒攪拌，使溶液均勻混合。在乙試管中加入等量的水。然後把兩支試管同時放入一個裝了半杯水的燒杯中浸泡。接下來，老師用酒精燈加熱這杯水，當水接近沸騰時，同學們就發現甲試管出現紅色沉澱，而乙試管中的溶液仍然是藍色的。

老師說：「這證實口水中的酵素可以幫助澱粉水解。奇錚，以後吃飯要細嚼慢嚥，讓你的口水幫助消化，知道

嗎？」

　　奇錚尷尬的點點頭。同學們則忍不住挖苦他。「哇，奇錚，你的口水好厲害喔！」

　　放學之後，明雪和弟弟明安相約到夜市吃飯。因為爸媽今天有事到臺中，會很晚才回臺北，媽媽交代他們要在外面吃飽再回家。兩姊弟經過討論，決定去吃排骨麵。姊弟倆邊吃麵邊聊學校的趣事，明雪談起今天在生物實驗室發生的事，明安雖然不懂其中的原理，也聽得津津有味。

　　他們吃完麵，走出店門後順便逛街，看看有什麼新奇的商品可買。

　　明安突然指著一家店說：「我想吃粥。」

　　明雪不可思議的問：「你有沒有搞錯？我們才剛吃完麵呀！」

　　明安堅持說：「我們吃的排骨麵是小碗的啊！我等一下

就會餓了，我要買粥回去當宵夜。」反正媽媽給的晚餐錢還有剩，明雪就付錢外帶一份粥。

　　兩姊弟回到家時，天色已經暗了。兩人走上三樓公寓，明雪用鑰匙打開鐵門時，察覺有異。「奇怪！只鎖了一道，難道爸媽回來了嗎？」

　　因為他們家的鐵門有三道鎖，如果所有家人都外出，最後一個離開的人一定會把三道鎖全鎖上。除非家裡有人，才會只把鐵門拉上，也就是明雪所說的只有一道鎖。

　　明安說：「不可能，爸媽在臺中喝完喜酒才會回來，現在人一定還在臺中啦！」

　　明雪滿腹狐疑的轉動木門把手，發現沒有上鎖，一下就推開了，而且出乎意料，竟然和一名陌生中年男子面對面，那人留著平頭，身穿灰色 T 袖，領口滾著黑邊，男人的手上還戴著棉布手套。兩人對看了約一秒鐘，那名男子突然衝了過來，明雪急忙退出門口，同時將木門關上，迅速將鐵門也關上，並且用鑰匙迅速鎖上三道鎖，並向弟弟大叫：「快打電話報警，家裡有小偷。」

　　十分鐘後，李雄率領林警官迅速趕到現場。

　　他安撫姊弟倆。「沒關係，現在可以把門打開，讓我們進去逮人了。」

　　明雪依言把鐵門的鎖打開，李雄指示她帶弟弟退到一旁，接著他和林警官兩人衝進屋裡搜索，但是屋子裡已經空無一人。

　　林警官退到屋外，招呼姊弟倆進到屋裡。「你們這樣做很對，發現家中有竊賊時，先退到屋外，保護自身安全，然後報警，由警方處理。現在小偷已經不在屋內，可能是由窗戶爬水管下樓逃走。」

　　明雪和明安把剛才撞見小偷的經過描述了一次，林警官也都記錄了下來。

　　李雄仔細觀察了屋內的情形後，對姊弟倆說：「鐵門沒有被破壞，但是你們習慣鎖的三道鎖只剩一道，木門的鎖也已打開，可見歹徒是用工具把鎖撥開。你們爸媽房間有被小偷侵入的跡象，許多抽屜已被拉開，小偷應該已經拿走一部分財物，正要由客廳離開，結果你們正好回家。他見行蹤敗

露，而且你們堵在門口又報了警，所以由窗戶逃跑。我已經通知鑑識科的張倩前來蒐證，現在我和林警官會去調閱附近街道的監視錄影帶，看看有沒有錄到小偷的身影。你們先用手機通知爸媽，請他們回來清點財物損失。現在你們乖乖留在家裡等張倩來，我會請管區警員加強附近巡邏，你們不用擔心。」

李雄交代完之後，就帶著林警官離開。明雪和明安兩人對看了一眼，嘆了口氣。「竟然有小偷敢來偷我們兩名小偵探的家，真是有眼無珠，不識泰山。不過，我看那個小偷戴著手套，應該沒有留下指紋，就算張倩阿姨來也沒輒。」

明安說：「姊，趁張倩阿姨還沒到之前，我們先自己蒐證，一定要把那個小偷抓到，讓他後悔莫及。」

明雪說：「我們不可以亂動刑案現場。」

明安說：「我們看看家裡有哪些地方異常就好，到時候可以提醒阿姨注意。我們不要去移動證物。」

明雪也覺得這樣做應該沒問題，於是兩人仔細觀察家中各項擺設與平常有什麼不同。但是看來看去，只有爸媽住的

主臥室抽屜被打開，其他房間都沒有被觸碰的跡象。

　　兩人繞了一圈，沒有任何斬獲，無奈的回到客廳，洩氣的坐在沙發上。

　　這時候，明安突然看到茶几底下躺著一支礦泉水的瓶子。明安立刻蹲在地上仔細觀察那個瓶子。「姊，妳看這瓶礦泉水是我們家的東西嗎？」

　　明雪也低下身去瞧。「我們都喝自己家裡的水，不會買礦泉水回來喝，但爸爸的汽車加油時，有時候會收到加油站贈送的礦泉水，有可能是爸爸帶回來的。不過，我們不會把瓶子扔在地上不撿起來，我覺得這是重要證物。」

　　姊弟倆精神大振，明雪立刻跑回自己房內，取出自備的蒐證工具，戴上橡皮手套，小心翼翼的撿起水瓶。發現瓶口已被旋開過，水也只剩一半，顯然有人喝過。

　　這時候，門鈴響起，明安跑到木門旁邊，透過門上的鷹眼觀察。「是張倩阿姨。」

　　他興奮的把門打開，張倩進到屋裡，聽完他們描述的情形後說：「嗯，如果你們的判斷沒錯，小偷戴了手套，應該

沒有留下指紋。現在要寄望於這個瓶子了，如果小偷喝過這個瓶子裡的水，一定會留下唾液，很有可能由唾液中取得他的DNA。不過，現在還不確定他有沒有喝過。」

明雪自告奮勇的說：「阿姨，我來採證，然後妳帶回實驗室去檢驗，好不好？」

張倩點點頭說：「好。我現在教妳怎麼做，妳從工具箱裡取出兩支棉花棒，第一支用工具箱裡那瓶消毒過的蒸餾水弄溼之後，在瓶口外滾一圈，然後放進塑膠袋裡。第二支直接在瓶口外滾一圈，也放進塑膠袋裡。」

明雪依照張倩的指示，完成了採證工作。張倩正要把兩根棉花棒放入手提箱中。明雪又提出了她的要求。「阿姨，可不可以留一根棉花棒讓我先檢驗是不是含有唾液，如果沒有唾液的話，也不會有DNA，帶回實驗室也沒有用。」

明安好奇的問：「姊，妳是不是要用今天你們生物實驗用的那個什麼本氏液來檢驗？」

明雪說：「不用那麼麻煩啦，我們現在不必證明澱粉水解後會出現糖，只需要證明有沒有口水就好了。所以用你買

的粥，加上急救箱裡的碘酒就可以了啦！」

　　張倩聽完大為讚賞。「明雪，妳的化學程度實在很不錯。妳說的對，唾液裡有一種酵素，叫澱粉酶，可以把澱粉分解成比較簡單的糖。所以用澱粉及碘液就可以檢驗是否有唾液存在。好，那麼，明雪妳拿其中一支棉花棒去做實驗，我在旁邊看著，記住，棉花棒上的唾液一定很少，所以妳的澱粉液一定要很稀。」

　　明雪點點頭表示了解。接著她一邊做，一邊解釋給弟弟聽。「現在我從阿姨的工具箱裡拿出一支試管，在裡面加一些水，然後滴入一滴粥，攪拌均勻，這就是稀薄的澱粉液，然後加入一滴碘酒，你看，整個澱粉液變成藍黑色的，這是碘與澱粉反應的結果，表示試管裡有澱粉。接著我把採證過的棉花棒剪斷，讓棒頭的棉花落入藍黑色溶液中，接下來就等候看它的顏色會不會褪去，如果會，就表示棉花棒上沾有口水，所以澱粉被口水裡的酵素分解了；如果不變色，就表示沒有口水。」

　　張倩說：「好，這個反應在室溫下，大約要三十分鐘的

時間才能完成，現在你們先退回自己房間，等我做完蒐證工作後，再來看看有沒有發生顏色的變化。」

姊弟兩人依言回到自己房間寫功課，約半小時後，張倩請他們回到客廳。「果然如你們的判斷，小偷沒有留下指紋。」

姊弟倆早就預料到會有這種結果，所以他們一點都不感驚訝，反而急忙要看茶几上那支正在進行實驗的試管，發現它的藍黑色已經褪去，現在呈現的是淡黃色。

明雪興奮的大喊：「太棒了，淡黃色是碘在水中的顏色，表示澱粉已經分解。哈哈，笨小偷不但偷走錢財，還偷喝了這瓶水，他留下最重要的證物——DNA，再也賴不掉了。」

張倩也很高興。「我會把另一支棉花棒帶回實驗室，分析其中的DNA，大約兩天以後就可以知道結果。」

張倩離開後沒多久，爸媽也趕回來了。經過清點，發現失竊的現金只有幾千元，另外媽媽的首飾也不見了，約值幾萬元，幸好損失不嚴重。

　　兩天後，李雄叔叔通知媽媽去認領首飾。全家人聽說案子破了，很高興的陪媽媽到警局去。

　　李雄和張倩都在，李雄說：「我們調閱當天晚上的街頭錄影帶，發現在案發時間點，有一個名叫廖長昌的慣竊，匆匆由你們家後面的巷子跑走。於是找他來談話，但是他堅持不承認有到你家行竊，由於證據不足，一時無法逮捕他，本想找明雪來指認，但是張倩勸我稍安勿躁，她說她手上有王牌，只要先採集廖長昌的DNA做比對就可以了。」

　　張倩說：「我帶回來分析其中的DNA，結果與廖長昌的檢體相符，鐵證如山，這就是我的王牌。」

科學 小百科

　　唾液是動物口中的液體，由唾液腺分泌，俗稱為口水。人類的口水中99.5％是水（所以口水是個很恰當的名稱），其他成分則包括電解質、黏液（由醣蛋白及水組成）、酶（就是酵素）及殺菌成分。

　　人類和某些動物的口水中含有一種稱為澱粉酶的酵素，可以加速澱粉分解為麥芽糖的反應，所以可以幫助消化。像米飯及甘薯等富含澱粉的食物，在咀嚼時會出現甜味，就是因為澱粉酶把澱粉分解為麥芽糖的緣故。這些酶也可以幫忙分解卡在牙縫裡的食物碎屑，避免蛀牙。

　　此外，口水裡的黏液可以作為潤滑劑，避免我們在吞嚥食物時，喉嚨遭刮傷。

鐵與血

　　星期六早晨，明安到公園打完棒球後正要回家。過馬路時，左方突然有一輛銀色跑車疾駛而來，差點擦撞到他，卻沒有減速，就繼續往前開。

　　明安被汽車捲起的氣流吹得踉踉蹌蹌，差點站不穩腳步，抬頭看了一下對街的紅綠燈，明明自己這個方向是綠燈啊！對方怎麼可以闖紅燈？他不禁抱怨道：「不守交通規則的冒失鬼！撞到人怎麼辦？」

　　回到家中，見到家人正聚在客廳，看電視播映的新聞快報，他便湊到姊姊身邊問：「發生什麼事？」

　　明雪說：「有人越獄了。一名犯人逃出監獄，駕車……」

　　媽媽揮手制止他們講話，「別只顧著說話，現在要播放

監獄四周監視器拍到的畫面了。」

明雪和明安都閉上嘴，轉而專心的觀看電視播出的畫面，只見一名體型略胖的男子，沿著監獄圍牆奔跑，跑到一輛停在路邊的跑車旁，迅速打開左側車門，坐了進去，隨即發動汽車，揚長而去。

後面有兩名警察追趕，其中一人拔槍，向車子的後擋風玻璃射擊，但車子仍然加速往前衝，迅速駛出監視器的畫面之外。

「你們看！犯人跑到車旁，毫不遲疑的拉開車門，迅速發動車子開走，但他怎麼知道那輛車沒有鎖？而且，他似乎沒花時間開鎖，就直接開走，說不定鑰匙就插在車上！這分明是計畫周詳的越獄行動，那輛車一定是同夥事先放在那裡的。」明雪頭頭是道的分析。

明安點點頭，表示同意，沉吟半刻之後，他問：「越獄發生在幾點鐘？犯人又是從哪個監獄逃出來的？」

「案子是今天早上發生的，這是新聞快報啦！」爸爸已經看過完整的新聞報導，就詳細描述了案發時間和地點，並

問：「怎麼啦？」

明安說：「我剛才在回家的路上，差點被一輛闖紅燈的 I 牌銀色跑車撞到，那輛車和電視上出現的車子是同一款的。從時間和距離來算，那輛跑車如果離開監獄後，一路往西開，現在差不多就跑到我們這一區，不知道是不是同一輛？」

明雪不禁搖頭苦笑，弟弟從小就愛看汽車型錄，對各種廠牌的汽車瞭如指掌，才能瞄一眼就記住車款。這件事如果發生在自己身上，恐怕完全分辨不出是哪一個廠牌的車。

媽媽說：「那你趕快打電話告訴李雄叔叔，這個訊息對警方一定很有幫助。」

明安於是撥電話給李雄，除了描述車款及目擊地點之外，他甚至連對方的車牌號碼都記得，「不知道犯人開的是不是這輛車？」

李雄聽了很高興，「哇！太好了，犯人開走的就是這輛車。我們正想調閱沿途的路邊監視器，找出犯人的逃亡路線，你提供的訊息讓我們知道了他是往西開，我們只要從你

目擊的地點開始找起就可以了，節省很多時間！我會通知附近的警員，注意這輛車是不是在轄區出現。謝謝你！」

這時媽媽關上電視，宣布開飯：「吃午餐了！下午要到舅舅家。」

舅媽去年生了一個小男孩，名叫智凱，現在已經一歲七個月，非常可愛，媽媽有時候會買些衣服或甜點給他，順便和姨婆、舅舅聊天。明雪和明安也喜歡和智凱玩。

今天下午約好要一起去舅舅家，所以吃過午飯後，一家人就準備要出門，忽然之間，電話卻響了。明安一個箭步跑過去接聽，是鑑識專家張倩打來的。

「明安呀，是李組長要我打給你的。因為你提供的線索，讓警方迅速掌握犯人的脫逃路線，我們在附近加強巡邏的結果，發現這輛車棄置在你們這一區的路邊，但是犯人不在車中。我現在要趕過去蒐證，因為你對偵探工作很感興趣，李組長要我通知你，為了獎勵你，可以讓你到現場看我蒐證，你姊姊也可以一起來喲！你們有空嗎？」

明安連忙說：「有空！有空！當然有空！張倩阿姨，妳

告訴我犯人的車停在哪裡，我們馬上過去。」

媽媽在一旁聽出是怎麼回事，皺著眉說：「什麼有空？不是說好要到舅舅家嗎？爸爸已經到停車場開車了呀！你們要放他鴿子嗎？」

明安這才想起和媽媽約好要出門的事，他搔著頭苦笑，不知如何是好，因為他真的很想看刑事現場蒐證。

明雪急忙出來打圓場（其實她也很想看刑事案件的蒐證工作），「媽，既然那輛車就在附近，我和弟弟去看一下，然後自己搭捷運到舅舅家和你們會合，好不好？」

媽媽只好無奈的答應了。

姊弟倆走到張倩所說的地點，現場已拉起封鎖線。由於張倩交代過，所以維持秩序的警員就讓他們進入封鎖區。

那輛銀色跑車停在路邊，後擋風玻璃破了一個洞，四扇車門全打開，張倩正蹲在車子旁邊工作。她看到姊弟兩人，

就為他們解釋現場的情況。

「你們看，車子後擋風玻璃有破洞，可能是當時追出來的警員開槍擊中的。」接著，她用鑷子從駕駛座底下，夾起一枚彈頭，「這枚彈頭確實是警用槍的子彈，不過車子裡和彈頭上都沒有找到血跡，不知道是否擊中犯人。我現在必須做個簡單的試驗。」

明安問道：「車號吻合，不就證明犯人確實開了這輛車嗎？有必要知道他是否中彈嗎？」

張倩用一支棉花棒在彈頭上擦拭了一圈，一邊工作，一邊解釋，「如果犯人中了槍，那他很可能是失血過多，體力不繼，只好棄車逃逸，我們就會通知附近的醫院，注意槍傷求診的病患。如果犯人沒有中槍，那他在這裡棄車，可能是附近有接應的人，或是藏匿地點就在附近。總之，若能正確知道犯人是否中槍，會使追捕方向更加精確。」

接著，她將一種淡黃色的液體滴在棉花上，再滴入一種無色液體，卻沒有發生任何變化。張倩嘆了一口氣說：「子彈上沒有血跡，可見只打中車子，沒有打中犯人。」

　　明雪對張倩用來檢驗的藥品比較有興趣，「阿姨，請問這種淡黃色的藥品是什麼？」

　　張倩愣了一下，「這是酚酞，妳應該很熟呀！」

　　明雪露出不可思議的表情，「酚酞？課本上說，它在酸性溶液裡呈無色，鹼性溶液中呈紅色，我從來沒看過淡黃色的。」

　　張倩笑了笑，「喔！對啦，準確來說──這應該叫『還原酚酞』。它是普通的酚酞在沸騰的鹼性溶液中，與鋅粉一起反應而生成的。酚酞被鋅還原之後，就變成黃色的還原態。」

　　明雪拿起另一瓶無色溶液，發現瓶上寫的是「過氧化氫」，也就是一般人所說的「雙氧水」。她的腦筋轉呀轉，企圖解釋這兩種藥品能檢驗血跡的原理。

　　「我猜，血液裡的血紅素作用就像過氧化氫酶，會催化雙氧水變成水的反應。雙氧水在這個反應過程中，會搶走還原酚酞的電子，使它變回普通的酚酞，因而呈紅色……」正說得口沫橫飛之際，手機響起，原來是媽媽催他們快到舅舅

家會合。

於是她只能請求張倩讓她帶走藥品，「我第一次聽到還原酚酞這東西，很感興趣，可以讓我把這瓶剩下的一點點帶走嗎？我想自己做實驗，弄清楚它的性質。」

張倩很爽快的說：「這瓶只剩一點，妳就帶走吧！我實驗室還有很多。」

明雪把還原酚酞裝進手提袋，就跟弟弟一起搭捷運到舅舅家。

爸媽、姨婆、舅舅和舅媽都在客廳聊天，舅媽看到他們姊弟倆就說：「快去找智凱玩，他在房間裡睡覺，已經睡兩個鐘頭了，把他叫醒沒關係。」

但是當他們走進表弟的房間時，卻看到他趴在床邊嘔吐。

明雪急忙扶起他問：「智凱，不舒服嗎？」

　　智凱臉色蒼白，淚流滿面，痛苦的點點頭。明安趕忙跑到客廳去叫大人。

　　一群大人衝進房間，七嘴八舌的問智凱，但是他只會一直說自己頭暈，接著又吐了一次。

　　媽媽問舅媽：「他是不是吃到不新鮮的東西？」

　　舅媽慌張的說：「沒有啊！他快兩歲了，這個月開始，都跟我們吃一樣的東西。今天中午吃蛋炒飯，大家都沒事，怎麼可能只有他有事？」

　　「不然，是吃到什麼呢？」大家百思不解。

　　這時，姨婆想起來了：「他進房間睡覺後半小時，我進來看看他有沒有蓋被子，結果發現他正在嚼東西，手裡抓著我裝鐵劑的藥瓶。我把藥瓶搶下來，問他有沒有吃裡面的藥，他也說不清楚……該不會是吃了鐵劑吧？」

　　「鐵劑？妳沒數數看藥丸有沒有減少？」舅舅焦急的問。

　　「我也搞不清楚。醫生開鐵劑給我，說是要補血的，可是我常常忘了吃，大概只吃了兩、三顆而已……如果真的是

智凱吃的，那大概少了十顆左右。但那不是補品嗎？吃了應該沒關係吧……」姨婆心慌的解釋。

媽媽問爸爸：「鐵劑到底有沒有毒？」

爸爸拿起藥瓶上的標示看了看，搖搖頭說：「這是硫酸亞鐵，毒性不強，不過如果兩歲以下的幼童吞食大量鐵劑，會對腦及肝造成傷害，有致死的案例，非常危險。」

「啊？那怎麼辦？」大家一聽有致死案例，全慌了手腳。

「別緊張，智凱到底是不是吃下鐵劑，還不確定哪！」爸爸安慰眾人。

明雪蹲下去，觀察地上的嘔吐物，發現呈現褐色。她有一種不祥的預感，便向舅舅說：「請幫我準備棉花棒和雙氧水。」

明安愣了一下，「難道你懷疑他吐血？」

明雪點點頭，「有可能，而且就算不是血，也可以看看是不是含鐵……」

舅舅不敢怠慢，立刻從家裡的急救箱取來棉花棒及雙氧

水。

　　明雪模仿張倩剛才的做法，先用棉花棒在嘔吐物裡沾一下，然後從手提袋裡取出那瓶淡黃色的還原酚酞，滴了兩、三滴溶液在棉花上，接著滴入雙氧水，棉花立刻呈現紅色。

　　爸爸一看就說：「嘔吐物裡有血！我去開車，快點送醫院急診室。」

　　舅舅和舅媽慌張的抱起智凱，搭爸爸的車前往醫院，媽媽和明雪、明安則留在舅舅家，安慰自責不已的姨婆。

　　兩個小時後，爸爸由醫院回來，說智凱經急救後，已經比較穩定，但需住院治療。明雪一家人這才告別姨婆，回到自己的家。

　　第二天上午，電視新聞播出越獄犯人已經被捕的消息，但是明雪一家人最放心不下的是智凱，於是又趕到醫院探望。他的臉色已經沒那麼蒼白了，但仍然抱怨頭暈，虛弱的

躺在病床上。

這時，主治大夫正好來查房，他對舅媽說：「幸好你們正確判斷出病人是吞食了大量硫酸亞鐵，我們才能在第一時間用碳酸氫鈉洗胃，沖洗出許多帶血絲的黏液，接著每四小時讓病人服用一次金屬螯合劑，幫助金屬排出體外。小弟弟恢復得很好，可能今天晚上就可以停止用藥，接下來仍要住院觀察幾天，確定康復後，才可以出院。」

舅媽指著明雪說：「多虧他表姊懂化學，檢驗出他的嘔吐物裡有血，我們才趕緊送醫。」

醫生感興趣的問：「喔？妳在家裡要怎麼檢驗？」

明雪便把昨天因緣際會取得還原酚酞，再配合家中急救箱裡的雙氧水，進行檢驗的過程說了一次。醫生聽了之後，笑著說：「沒錯，我們醫學上也

會使用這種方法。例如病人今天早上第一次排出的糞便，我們也用同樣的方法檢驗，發現仍然有血。」

明雪解釋：「其實我當時只想知道，他是不是吞食了硫酸亞鐵。因為含鐵的物質，例如血紅素或過氧化氫酶，大多會催化雙氧水變成水的反應，所以無論他吐出來的是鐵還是血，應該都會使雙氧水變成水。在這個反應過程中，雙氧水需要搶兩個電子，一定會使還原酚酞變色。」

醫生在一旁不停點頭稱許：「嗯，妳的觀念真的很正確，小表弟也因此獲救囉！」

 科學 小百科

　　刑事鑑識上，用來檢驗血跡的方法很多，除了CSI影集裡常用的發光胺（luminol，即俗稱的魯米諾、光敏靈）之外，本文所介紹的還原酚酞方法，也是常用方法之一，稱為Kastle-Meyer法。

　　還原酚酞的配製方法，是將酚酞放置在沸騰的鹼性水溶液中，這時酚酞呈紅色。在這個溶液中加入鋅粉，鋅粉作為還原劑，會使酚酞變為淡黃色的還原態。

　　Kastle-Meyer法能檢驗血跡，主要是利用血紅素中含有亞鐵離子，與過氧化氫酶一樣，可以催化過氧化氫變成水的反應：過氧化氫搶走還原酚酞的兩個電子，使還原酚酞變成酚酞，而呈紅色。

　　這個檢驗法很靈敏，即使樣本中血液只占一千萬分之一，也可以檢驗出來。

國家圖書館出版品預行編目資料

大家來破案. IV / 陳偉民著. 米糕貴圖.
-- 初版. -- 臺北市：幼獅, 2017.05
面； 公分. -- (科普館；9)
ISBN 978-986-449-072-1(平裝)

1.科學 2.通俗作品

307.9 106003217

・科普館009・

大家來破案IV

作　　者＝陳偉民
繪　　者＝米糕貴
出 版 者＝幼獅文化事業股份有限公司
發 行 人＝李鍾桂
總 經 理＝王華金
總 編 輯＝劉淑華
副總編輯＝林碧琪
主　　編＝林泊瑜
編　　輯＝黃淨閔
美術編輯＝李祥銘
總 公 司＝10045臺北市重慶南路1段66-1號3樓
電　　話＝(02)2311-2836
傳　　真＝(02)2311-5368
郵政劃撥＝00033368

印　　刷＝崇寶彩藝印刷股份有限公司
定　　價＝250元
港　　幣＝83元
初　　版＝2017.05
書　　號＝936057

幼獅樂讀網
http://www.youth.com.tw
e-mail:customer@youth.com.tw
幼獅購物網
http://shopping.youth.com.tw